东华大学服装设计专业核心系列教材 源自服装设计教育精英的集体智慧

东华大学服装设计专业核心系列教材
纺织服装高等教育“十二五”部委级规划教材

主编　刘晓刚

制服设计

边　菲　编著

上海市重点学科建设项目资助　项目编号 B601

東華大學出版社

图书在版编目(CIP)数据

制服设计 / 边菲编著.—上海：东华大学出版社，2010.12

(东华大学服装设计专业核心系列教材/刘晓刚主编)

ISBN 978－7－81111－782－0

Ⅰ.①制… Ⅱ.①边… Ⅲ.①制服—设计 Ⅳ.①TS941.732

中国版本图书馆 CIP 数据核字(2010)第 205719 号

责任编辑 徐建红
封面设计 李勇智 黄鑫帅
版式设计 高秀静

东华大学服装设计专业核心系列教材

制服设计

边 菲 编著

东华大学出版社出版
(上海市延安西路 1882 号 邮政编码:200051)
新华书店上海发行所发行 苏州望电印刷有限公司印刷
开本:787×1092 1/16 印张:15 字数:380 千字
2011 年 1 月第 1 版 2011 年 1 月第 1 次印刷
印数:0 001—4 000
ISBN 978－7－81111－782－0/TS·221
定价:39.00 元

序　一

服装产业素来是我国重要的支柱产业。今天的中国不再是世界服装的初级加工厂，已从“中国制造”走向了“中国创造”。中国的服装设计师、中国的服装品牌、中国的服装教育纷纷登上世界舞台，崭露头角。在服装产业繁荣发展的今天，无论是本土的还是世界的服装设计教育格局都出现了很多变革性的因子。产业环境对我国的服装教育提出了全新的要求，既要符合全球化、国际化的趋势，又要坚持本土化的中国特色。

服装设计学科是东华大学的特色学科。作为中国最早设立服装设计学科的高等学府之一，学校以“崇德博学、砺志尚实”为校训，自觉承担起培养我国优秀服装设计专业人才并引导我国服装设计学科发展的重任。中国的服装设计教育从 20 多年前的借鉴与摸索期发展到如今的成熟与创新期，离不开我校几代服装设计学科专业教师的耕耘与奉献。

立足中国、面向世界，上海繁荣的都市产业与时尚产业成为我校服装设计学科成长的沃土。秉承“海纳百川、追求卓越”的精神，我校服装设计学科带头人刘晓刚教授领衔，服装学院专家教授共同参与，在全国率先推出了大型的服装设计专业系列教材。此套教材涵盖服装设计的方法、思维、技术、品牌、审美、营销、流行等各个方面，理论与实践并举，内容全面，时代性强。可以说，此套教材凝结并展示了我校服装设计教育精英的集体智慧与敢为人先的创新精神，以及严谨求实的学术风范。

一份耕耘，一份收获。衷心希望此套教材的出版能够对我国服装教育与服装产业的发展有所促进。

东华大学校长

徐明稚

序　二

我国高等服装教育从20世纪80年代初起始，屈指数来已有20余年历史，作一个形象的比喻，她已经进入一个朝气蓬勃、活力四射的青春时代。细分起来，服装学科有许多分支，在我国大多数设有服装专业的高等院校中，研究生层面有服装人体科学研究、服装工程数字化研究、服装舒适性与功能服装研究、服装产业经济研究、服装设计理论与应用、服装史论研究等研究方向，本科生层面有服装设计与工程、服装艺术设计、服装表演与设计等专业之分。为了表述的方便，我们姑且统称为服装专业。

与一些拥有百年历史的欧美老牌服装院校相比，目前我国的服装专业还只能算是一个新生专业，尽管我们在教学的许多方面是在摸索中成长，在前进道路上遇到不少问题，但是，我国服装教育也因此而有了自己的特色。虽然我们应该学习国际先进的教育理念，然而，教育本身必须注重创新的规律告诉我们：不必事事效仿伦敦、纽约，更毋须言必称巴黎、米兰，在全国服装教育同行们的辛勤努力下，从零起步的我国高等服装教育已经卓有成效地为服装产业输送了大量专业技术和经营管理人才，为我国服装产业的腾飞做出了不可磨灭的贡献。

当然，我们也应该看到，服装教育与突飞猛进的我国服装企业所取得的成绩相比，后者在发展速度和品质提升方面以自己辉煌出色的成果交出了似乎比服装教育更为显著的答卷。在服装进入品牌化时代的今天，服装企业的进一步发展需要更高水平的服装教育等相关领域的支持，这为服装教育提出了新的深化课题。因此，我们不能以已经取得的成绩而自喜，更不能以此为由而裹足，必须进一步理顺教学体系，更新教学内容，深化教学内涵，为我国服装产业尽快出现有国际影响的品牌和建立自主知识产权的设计创新体系而培养高级设计人才。

教育也是品牌，特色是品牌的内涵，每个学校办学都应该有自己的特色，东华大学（原中国纺织大学）是一所以纺织服装为特色的综合性大学，服装专业倚靠得天独厚的国际大都市——上海的服装产业背景，在学校致力于建设“国内一流、国际有影响、有特色的高水平大学”的办学思想指导下，以“海纳百川、追求卓越”之勇气，重视服装学科规律，关注服装产业变革，倾听服装企业建议，广泛开展国际交流，以“根植产业土壤，服务社会需求”为专业教学理念，取得了颇有特色的学科建设成效和经验。为此，作为教育部“服装设计与工程”唯一的国家级重点学科所在院校——东华大学服装学院，深感自身在我国服装产业转型期所肩负的责任，从建设《服装设计专业核心系列教材》着手，进行一系列顺应时代需求的教学改革。

本系列教材集东华大学服装学院全体教师20余年专业教学之经验，涉及30余门服装设计专业核心课程，由我的学生、也是我国服装设计领域首位博士刘晓刚教授担纲主编，整个系列涵盖本科生和研究生的服装设计专业课程，以专业通识类、专业基础类、专业设计类、专业延伸类和专业提高类五大板块构成立体框架，注重每个板块之间的衔接关系，突出理论与实践、模块与案例、现实与前瞻的结合，改变常见的插图画家式的设计师培养模式，重点在于培养学生的创新思维、表现技能和企划操作之完成能力，其中部分教材为首次面世的课程而撰写，目的在于缩短应届毕业生与企业磨合的时间，使他们能够“快、准、实”地成为品牌企划和产品设计的生力军，也能够为毕业生自主创业提供必须掌握的知识结构。

我相信，凭借东华大学服装学院为本系列教材提供的鼓励和保障措施，以及全体编写教师的集体智慧和辛勤努力，也凭借刘晓刚教授多年来一贯严谨的教风、与服装企业合作的成功经验和已经出版10余本教材的业绩，这套系列教材应该非常出色。

据此，我很高兴为本系列教材作序，并期待其发出耀眼的光芒。

东华大学服装学院　学术委员会主任

教授　博士生导师

前言

制服设计的对象是人，但它满足对象的要求是双重性的，一方面它要美化个体的人，表现出其风采与气质；而另一方面，制服要面对的又是一个团体，设计师必须能准确地预测到若干的个体在叠加、融合之后，是否能够表达出整个团体的精神和理念。只有个体美，没有整体美的制服是零乱的；而只有整体美，没有个体美的制服则未免浅薄。两方面的有机统一才能设计出出色的制服。

此外，现代制服也是艺术性与实用性的统一，优秀的制服设计应准确把握客户的企业营销策略和业务特征，符合其服务对象的需求、喜好，具备高度协调统一的微观思维和宏观思维，以广博的见闻和丰富的生活体验为基础，熟知设计对象的作业要求、环境特征、工作体会等等，不能单纯考虑美观，否则将会给穿着者的工作带来不便甚至造成安全隐患。

制服设计作为一门边缘性综合科学，随着新兴行业的增加、社会分工的细化、企业营销理念不断向更深层次发展，行业对制服设计的要求也会进一步提高。厚积才能薄发，身为一名制服设计师应当充分了解制服的含义和背景，了解这个行业的意义；作为专业制服设计公司必须具备高素质、多元化的人才结构，全方位地替客户着想。在这个基础上从复兴制服行业的这个大角度出发，设计出满足企业要求的制服，从而推动制服行业的前进。目前我国制服行业毕竟比较年轻，比较脆弱，自我完善应是当务之急。因此，必须立即着手解决制服行业自身存在的一些弊端，这样做大做强才能指日可待，才能创造出真正符合企业需要、得到社会认同的现代化制服，才能跟随上世界制服潮流的脚步，这也正是中国制服行业的希望所在。

开始着手撰写本书以后，笔者翻阅了大量的相关资料和书籍，已出版的制服设计类书籍中知识比较分散，且缺乏最新的资料整理。鉴于此，本书将从理论的角度出发，结合实际操作步骤，围绕着制服与制服设计的概念、诞生、发展、现状、趋势、设计、生产等现象和环节，进行逐步的分析和研究。限于水平，书中难免有疏漏和不足之处，敬请各位专家同行不吝指教，愿与同仁们为我国制服设计行业一起尽自身的一份微薄之力。

作　者

目　录

第一章 制服概述

“世人共同面对的难题就是：每个人都必须穿制服，但同时又必须拒绝穿制服，以免自己珍贵的独特个性遭到抹杀。”①千百年来，伴随着时代的迁移，制服经历了各种各样的变化，其内容的演变发展和人类社会的进步以及历史背景的演变相关联，制服文化作为一种社会现象，其特点是综合了物质文化、精神文化、社会文化三大方面的内容。设计师可曾想过制服的发展经历了怎么样一个过程？而制服本身的特征又是什么？制服行业的发展趋势又是如何？在时代变迁中，制服依旧跳脱不开服饰类的几大特点，它和所有的服装一样，涉及穿着者的性别、职业、岗位以及具体的面料、色彩、款式、工艺、配件等多个方面。但有所不同的是，制服本身兼容了浓缩服饰类精华。随着科技不断地发展，未来制服行业也在摸索中前进着，面对科技飞速发展的年代，制服设计师需要具备怎样的素质来迎接新时代的调整呢？让我们把时间推移，回到制服诞生的历史之初，一起来发掘制服的深刻内涵。

---

① 保罗·福塞尔. 品味制服. 王建华，译. 香港：三联书店，2005.

第一节　制服的定义

对于一个文明、进步的社会而言,制服是无处不在,无所不需的。制服的概念在今天已被泛化为单位、公司企业,或某一工种所要求穿着的统一性、规定性服装,本书从制服(uniform)的定义出发,研究现实社会背景下人与服装之间的联系。

一、制服

(一) 广义的制服

广义的制服也称团体制服。顾名思义,是指团体统一着装,含有强制、制约、统一之意。统一的制服可以代表一种行业的职业风貌和一个企业的文化特色,整齐而系列的服装给人留下深刻的印象。

企业形象战略之中,制服是非常重要的一个环节。制服的意义在于,对内:全体员工身着规范统一、岗位分明的制服进行各自的工作,忙而不乱、有条不紊,逐渐形成企业的向心力和凝聚力,以激励每个员工的工作热情,按企业的理念、精神去努力工作;对外:可让用户、消费者、来访者通过对制服及其相应的产品、服务品质的形象产生好感和共同一致的价值观、认同感,无形中增加了其竞争的优胜性。

(二) 狭义的制服

狭义的制服是指各行各业的专业人士为了体现特殊的工作身份、工作环境而穿着的服装,即一群相同团体的人所穿着的服装,用以辨识从事各个职业或不同团体的成员。像学生、军队、护士和警察等职业穿着的制服可理解为狭义的制服。

1. 受限制服

受限制服是由国家专门机构经过科学周密的研究,并经国家职能部门审批通过的服装。

受限制服包括军队制服(如陆军、海军、空军、武警部队及特种兵种的军人制服)和国家公职人员制服(如公安、检察院、法院、税务、商检、邮政、铁路、海关、航运等国家机关公职人员制服)。这类制服设计与制作的要求非常高,限制也比较多,一招一式,一针一线,不容随意改变。

2. 非受限制服

非受限制服是指制服生产企业根据需求机构的意愿和该客户行业特点提供设计的服装。

非受限制服包括酒店、商场、保险、银行等行业的制服。统一定制的运动服、演出服等也是体现指定活动特点的服装,它也具备制服的特性,属于制服的范畴。这类制服要求设计贴近企业的特色,满足行业的要求。

二、与制服相关的几个概念

(一) 职业时装

职业时装是指偏向于时尚化和个性化的非统一性的时装式职业套装。

职业时装的使用范围包括白领阶层的社会中上层人士。如管理人员、办事员、打字员、速记员、秘书、会计等。该群体具备一定的素质和身份,经济收入和工作条件较好。职业时装的特点是具有很浓厚的商业属性,相对职业制服来说,这类服装追求品位与潮流,时尚度高的同时也不失制服的特性，用料上更加考究，造型上强调简洁与高雅，色彩追求合适的搭配与协调，总体上注重体现穿着者的身份、文化修养及社会地位。职业时装虽然需体现其职业的高端性，但是由于不掌握生产资料，他们仍处于受雇佣地位。它需要一定的工作穿着场合，需要融合时装与实用两个重要特点。这些融入时尚创作灵感的不同时装系列，更加全面地展现出职场人员独特的生活方式和成熟魅力。（图 1-1）

图 1-1　流行的款式、优良的面料、讲究的板型打造了职场中的时尚男女

（二）职业工装

职业工装指的是以满足人体工学、护身功能来进行外形与结构的设计，强调保护、安全及卫生作业功能的服装。它是工业化生产的必然产物，并随着科学的进步、职业的发展及工作环境的改善而不断改进。

用途注定了形式，从职业工装的使用范围上来看，职业工装的适用范围包括一线生产工人和户外作业人员等。相较于下文提及的职业防护服而言，工装的运用范围更广，面向的群体更为大众化。职业工装的特点在于“工”字。它不仅要求穿着人员规范、整洁、美观，它对服装质地、制作工艺、实际用途上有较高要求，表现为造型或松或紧，以工作性质为准、简朴大方。在实用性上，职业工装需要更加符合群体需求（图 1-2）。比如在野外作业的石油工人，其职业工装要注重在沙漠环境中的视觉突出性，还要具有防油污、防水、防尘、防火和防化学侵蚀等特殊功效。

图 1-2 具有一定功能性的职业工装,更多的考虑室外工作的一些特点

(三) 职业制服

职业制服指的是针对职业特征和工作需要而设计的服装。

职业制服的应用范围非常广,包括:商业性企业(工厂、商场、航空、银行投资、旅游、餐饮、娱乐、宾馆酒店等);执法行政与安全部门(军队、警察、法院、海关、税务等);公用事业与非赢利性机构(科研、教育、学生、医院等)。职业制服的特点在于它必须将企业共性与个性相互融合,平衡舒适度与实用度,强调标志性和功能性的统一性服装(图 1-3)。同时,不同的行业需要有与众不同、能鲜明体现行业特征的职业制服,具有鲜明标志性的职业制服能带给公众和谐的美感,既能增加其权威感,又能体现亲和力。比如学生制服颜色亮丽、丰富,款式活泼,充满朝气;警察制服沉稳大方,给人安全感和威慑感。

图 1-3 目前各行业的制服已各具特色,在社会环境中体现工作者的身份和职责

(四)职业防护服

职业防护服指的是用于特殊工作环境穿着,强调安全防护的服装。

职业防护服的功能性要求极高,应用范围有限,多用于特殊的工作需要。职业防护服设计特点是面料特殊,有较强的技术要求(图1-4)。比如在上海举行的一次"英国创意先锋展"上,就有参展商展示了一款医用手套:将手套做成夹层,中间注入一些特别液体,当医生在手术时手套被划破,液体就会马上流出被发现,从而解决了手的保护问题。防护服的技术要求主要包括:防静电、抗紫外线、防化学腐蚀、防核辐射、防电磁波、防水拒油等,这些特殊功能的要求是基于强大的科研基础之上的。例如经过低温等离子体处理过的功能型面料,可得到亲水性以及其他性能优异的面料;利用抗静电纤维和导电纤维可以得到优良抗静电面料;采用物理法、电解法、化学法处理可得到防电磁波辐射的功能织物;利用各种抗菌防臭助剂处理过的面料可得到优异的抗菌防臭功能;在面料中添加棉纤维浸渍有机系紫外线吸收剂或添加在聚合过程加入了 TiO_2 的聚酯纤维后能得到具有抗紫外线织物,目前典型的产品有日本敷岛的 Rikado、东洋纺的 JyumineUV、富士纺的 Refiruka 和东丽公司的 Arofuto、大和纺的 Rientsui 等。

图1-4 男消防员身穿防护服,在进入一般火场进行灭火战斗时为保护自身

第二节 制服的分类

制服作为一种被符号化的服装,它的识别性为社会分工日趋细化提供了视觉保证。本节从各种不同的角度出发,根据穿着季节、穿着性别、穿着功能、穿着行业将制服进行了系统的分类。

一、按穿着季节分

(一)夏季制服

夏季制服的具体种类包括短袖衬衫、裙子、夏裤、T 恤和各种配饰等。夏季的季节特点是高温、闷热、潮湿。对于一些需要在户外工作的员工的制服,设计时需要注意款式和面料的选取,保证穿着的透气性和舒适性。(图1-5)

图 1-5　身穿短袖夏季制服的海军们

(二) 春秋季制服

春秋季制服的具体种类包括西服、长袖衬衫、马夹、夹克、裤子、裙子和各种配饰等。春秋季的季节特点是气温适宜、凉爽宜人。春秋季制服在面料的选择上比较广泛。穿着上女装一般为西服套裙,男装为西服套装,也有一些休闲的夹克款式。(图 1-6)

图 1-6　西装、衬衫是较为普遍的春秋季制服款式

(三) 冬季制服

冬季制服的具体种类包括大衣、套装、长袖衬衫、针织衫、棉衣、冬裤和各种配饰等。冬季的季节特点是寒冷干燥。户外工作的员工对制服的保暖性要求较高。此外,北方和南方地区对户外使用的冬季制服要求也各不相同,北方相对保暖需求更大。(图1-7)

图1-7 在寒冷的北欧-丹麦,皇家宫殿卫队身穿保暖的冬季制服在大雪中巡逻

二、按穿着性别分

(一) 男性制服

男性制服的具体种类包括西服套装、夹克、大衣、T恤、衬衫、针织衫、燕尾服、中装、棉衣和各种配饰等。男性制服需要体现出男性的着装特征和行业特色。(图1-8)

图1-8 摩纳哥阿尔贝二世亲王,身穿帅气严谨的军官制服,更加显示出男性的威武和王者风范

(二) 女性制服

女性制服的具体种类包括西装套裙、连身裙、夹克、大衣、T恤、衬衫、针织衫、旗袍、中装、棉衣和各种配饰等。女性制服可适当体现女性身型,在突出女性着装特征的同时,体现不同的行业特色。(图1-9)

三、按穿着功能分

(一) 日常工作制服

日常工作制服具体是指酒店、政府部门、企事业单位等员工的工作着装。在出席会议、谈判、接待等

场合中，其艺术性正是借其形式美的因素表现出来的。除了美化个人形象，表现着装者的个性与气质外，日常工作制服的艺术性还在于传达出行业、企业的形象。制服与工作环境、服务质量一起，构成了行业的整体艺术形象。优雅的工作场所、时尚得体的制服，加上标准规范的亲切服务，是服务行业整体美统一的艺术形象，这种整体美的效果对提高企业的知名度、促进销售、增强企业的凝聚力都有着不可或缺的作用。（图1-10）

图1-9 甜美大方的餐厅女服务员制服

图1-10 大方得体的工作制服在人们的日常生活中随处可见

（二）专业防护制服

专业防护制服具体是指一线生产工人、户外作业人员等需在特定工作环境下工作的着装。从广义上说，防护性体现在防护的多方面，具体有如下几种：内防护，通过直接与皮肤接触的防护；外防护，即服装外层的防护措施；软防护，心理上的防护，表现在色彩风格的选择上，色彩上的轻重冷暖视觉，风格的定位与作业环境的和谐等；硬防护，指严重危及人体安全的重要防护；弱防护，指相对较小的防护，如静电与皮肤之间易被人忽视的防护，这种静电产生在某些带电作业的工作环境中。（图1-11）

（三）礼仪制服

礼仪制服具体是指用于重要活动需要和展示的着装。礼仪制服更加注重礼仪要求的表现，可以运用传统礼服为设计基准进行设计展开，强调健康、向上、亲切的形象。总体来说，礼仪制服作为制服产业中的一支，越来越受到社会的重视，其在行业上的应用也越来越广泛，这是社会竞争和人们生活审美意识的提高，是自我宣扬的一种表示，代表一种无声的语言。（图1-12）

图 1-11 头戴安全帽，身穿带反光条连身制服的道路建设工人

图 1-12 2010 年上海世博会巴基斯坦展馆的工作人员，礼仪制服充分展示了国家的民族特色，吸引众多参观者的眼球

四、按穿着行业分

（一）酒店制服

酒店制服是从事酒店行业工作人员穿着的服装。酒店是一个特殊的服务行业，综观酒店发展史，酒店制服涉及到前台接待、公共清洁、客房服务、工程维修、保安、中餐厅、西餐厅、咖啡吧、管理人员等各种工种和类别，分类琐碎。每一款制服都是酒店形象和文化内涵的展示。在款式及色彩的运用上，需紧跟酒店 VI 主色及其所表现的精神内容，并根据岗位特点综合考虑制服穿着的功能性。（图 1-13）

（二）娱乐业制服

娱乐业制服是从事娱乐服务行业工作人员穿着的服装。娱乐业制服大致分服务员制服、保安制服、领班制服、领位迎宾员制服、歌舞表演者制服等。可根据娱乐场所自身的风格定位大胆的去设计，使制服能给客人带来第一视觉的冲击力。如今，中国的经济飞速发展，人们的物质生活水平不断提高，对吃喝玩乐的需要越来越大，商家如何让自己的店在竞争对手中脱颖而出，除了装修环境、硬件设施、服务特色等，服务员的制服也可以起到很大的作用。有特色的员工制服给人眼前一亮的感觉，进而吸引客源。（图 1-14）

图 1-13　注重细节设计和色彩搭配的酒店制服，让入住的宾客心情愉快

图 1-14　法国巴黎著名的歌舞表演厅——红磨坊，穿着闪亮性感制服跳舞的表演者

(三) 学生制服

学生制服是校园里学生穿着的服装。学生制服主要分为二类：一类是运动类学生制服，以 T 恤、针织运动服为主；另一类是西服衬衫类，以百褶裙、连衣裙、衬衫、休闲西服等为主。设计新颖而充满活力的学校制服，不仅能给社会公众树立管理规范、治学严谨的学校形象，还能培养学生的集体荣誉感、团队精神，激发学生的内在潜能。各个教育阶段因学生心理成熟程度不同、学

习内容不同而对学生制服有不同的要求。小学生制服要鲜艳活泼、花样多变;中学生制服要朝气蓬勃、动感十足;而大学生制服则更趋向于成人化。(图1-15)

(四)金融业制服

金融业制服是从事金融行业的工作人员穿着的服装。金融行业是经营金融产品的特殊行业,它包括银行业、保险业、信托业、证券业和租赁业。沉稳、雅致、时尚是当今金融业制服设计的潮流,主要分为接待人员制服和管理人员制服。设计水平的高低体现在细节的处理上,比如领型、门襟、口袋和袖口等部位。在制服设计的过程中,如果能将行业的标识和色彩综合运用其中,定会起到画龙点睛的作用。过去我国金融业发展既缓慢又不规范,经过十几年的改革,金融业以空前未有的速度和规模成长着。随着经济的稳步增长和金融体制改革的深入,金融业带动着相关的制服需求将会有着更加美好的发展前景。(图1-16)

图1-15 大方得体的系列学生制服,款式丰富、搭配和谐,体现了学生的青春活力和朝气

图1-16 稳重得体的制服能增加客户对行业的信任感

(五)交通业制服

交通业制服是从事交通运输行业的工作人员穿着的服装,交通行业包括航空、铁路、巴士、的士等。制服给人沉稳、安全、可靠的感觉,主要分为服务人员制服、操作人员制服和维修人员制服等。以航空制服为例,航空制服是航空公司工作人员所穿着的服装。航空制服属于此行业制服设计中较为高端、难度较大的,也比较考验设计者制服设计的才能。许多航空公司都选择与知名品牌联手打造其航空品牌形象。从实用功能性考虑,一般分为二类:一类为公众服务人

员，如机师、空姐、地勤、售票等；第二类为后勤人员，主要为维修、搬运、司机、清洁等。两类制服在设计上迥然不同，第一类制服以职业套装、西服变化款式为主，体现工作人员的干练与优雅；第二类制服以功能性、工作舒适性为主，两类服装都需凸显该航空公司的整体特征与精神风貌。(图1-17)

图1-17 航空制服是交通业制服的代表，其合体的版型、精良的面料和细节的设计衬托出工作人员高雅稳重的气质

（六）商业制服

商业制服是百货公司、卖场、产品活动现场的促销和展示人员所穿着的服装。包括化妆品、电子通讯、日用品等商品专柜、产品促销现场等促销和展示员、品牌商品导购员等所穿着的制服，他们的制服设计需新颖别致，且大方得体。设计元素如色彩、面料、印花等与该促销产品遥相呼应，进而突出该产品的特色和不同之处，再加上促销人员的得力推荐，从而更好地促进销售与宣传产品。(图1-18)

图1-18 韩国现代在车展中展示其一款概念汽车，车模的制服与现代品牌的LOGO相呼应，制服简洁、性感，完美演绎了此款汽车流线型的未来风范

（七）国家机关制服

国家机关制服是用于政府机关、政府事业企业单位所穿着的规范化服装。包括警察、税务、检察院等国家公务员和国有企业事业单位员工穿着的制服。这类制服更换款式的周期较长，因为在国家系统这样一个大范围中，公众对机关各部门形象统一的认知需要一个过程。此类制服用料经济实用、做工细致。款式重在细节上的多变性，如单排扣、双排扣、一粒扣、二粒扣、三粒扣，单开衩、双开衩等，该类型制服要求色彩、款式风格与政府职能和单位形象一致，在保证制服品位与档次的同时反映出一定的职业特征。（图 1-19）

图 1-19　国家机关制服带有很强的职能识别性和公众认知性，图为澳门交通警察制服

图 1-20　澳门新濠天地酒店赌场开张，举办"您是幸运儿"抽奖活动时工作人员的制服

（八）特殊活动制服

特殊活动的制服是用于指定项目中工作人员在特定的活动场合下穿着的服装。设计时要参考该活动的具体内容、服务对象、展示的主题等等特定的因素，有很强的针对性和定制性。比如 F1（一级方程式世界锦标赛）赛车宝贝制服、网球大师杯参赛选手礼服、2010 年上海世博会工作人员系列制服等等，活动规模可大可小，制服应具有时尚的气质，并在活动中突显活动的特色内涵。（图 1-20）

第三节　制服的特征

在设计、生产、销售和功能方面，制服除了具有服装的基本功能外，与其他类服装相比，更是增加了一些不同于时装的特征，这四大方面共同构建了制服的整体特征。

一、设计特征

（一）款式特征

款式特征是指制服在款式上运用的特点，归纳为以下三点：

1. 细节特色

细节特色指的是制服中巧妙运用的细节特色元素。由于制服的外观廓形不宜进行另类和怪异的变型，因此细节特色将成为现代制服款式的一大切入点。在这种市场需求的带动下，现今的制服在原有制服的基础上加入适当的时尚细节元素，突破了以往制服的沉闷模式。

制服的细节看似微不足道，但往往起到画龙点睛和提升品位的作用，充分利用领口、门襟、口袋、袖口的变化，从这些细节中分离出各式各样的制服款式。一个懂得如何寻求创新的制服设计师经常把细节处的点缀放在首位，领口处看似不经意的细褶、门襟变化的倾斜角度等等对体现整套服装的设计灵魂都非常的重要。细节特色性要求制服设计师需要有一双善于发现的眼睛，要善于利用服装细节处的设计处理，将制服的保守与流行的元素和谐统一起来，充分体现制服的美感和个性。比如2008年北京奥运会所有水上项目的颁奖礼仪制服，设计灵感取自世界闻名的中国青花瓷器。中国传统乱针绣形象逼真地再现了青花瓷的晕染效果，用公主线分割、中式的旗袍领、小包袖、刺绣、镶边和滚边这些民族传统风格的元素，以及喇叭裙的裙形和立体裁剪体现时尚的特色，使得民族与时尚相得益彰，相映生辉。蓝白相映的旗袍式长裙，典雅脱俗，俏丽清新，尽显中国风情。

2. 大方得体

大方得体指的是制服要美化穿着群体中的每一个人，表现出穿着者的职场风采与气质，并与其所在的工作环境和工作性质相符合。

一般说来，制服的款式设计应尽量避免过于特殊和繁复，从而影响其穿着适应性的覆盖面。比如西服套装最适合办公室行政人员穿着；改良的旗袍常作为体现中国传统文化的礼仪活动制服；品质精良的白衬衫是职场男士不可缺少的单品等等。制服在面料质地、制作工艺、穿着对象与搭配上有较特殊的要求，设计师必须能准确地预测到若干个体在叠加、融合之后，是否能够表达出整个团体的精神风貌，将个性美升华到共性美，从这个方面考虑，大方得体的制服款式风格适应性最强，更能得到大多数受众群体的青睐。比如从2000年10月1日起，全国开始换发99式警服。99式警服是非常贴身合体的，能够显出我们男民警的高大帅气和女民警的英姿飒爽，再加上设计相得益彰，除了款式国际化、穿着美观大方以外，衬衫、领带、腰带等的颜色不同，还显示了警员的级别和警种不同；女警的帽子三边上翻，使她们看上去更加干练、端庄；镂空的帽徽、领花、胸徽更易于辨识，与国际接轨的新警服让人感到人民警察的威严，同时也感到了亲切。

3. 舒适方便

舒适方便指的是制服穿着后应充分适应行业的工作环境、工作对象和工作目标。制服要在不影响工作操作的情况下最大的满足穿着者对舒适方便的要求,以保证作业人员准确、完全、高效地完成工作任务。

如何使制服体现出与职业性质协调一致的美学标准,能让从业者产生职业的自豪感,便于服务对象对从业者产生信任感,并从中获得舒适的感觉。这要求设计师应以广博的见闻和丰富的生活体验为基础,例如:在为酒店设计的一系列服装之中,酒店行李员的上衣后片可设计一个内裥,增加活动松量,方便行李员为客人搬运行李;大堂经理可注意胸前口袋的设计,因为这个口袋的使用率较高;餐厅服务员的袖口不宜过大,否则影响上菜服务等等。在这样的制服款式之中,设计体现了制服的实用性,任何过于时髦、花俏的款式和配饰都应该纳入特定的工作环境制约之中。

(二)色彩特征

色彩特征指的是制服在色彩上运用的特点。归纳为以下两点:

1. 比例均衡

比例均衡指的是一套或一个系列制服色彩选择和搭配的比例要相互均衡,符合预期的视觉效果。比例均衡除了表现在传统意义上色彩占据的面积以外,还体现在明度、纯度、色彩的前进或后退性以及重量感上的相互均衡,还表现在流行色与非流行色的运用和把握上。

通常我们在制服色彩排序上,要注意制服在视觉上要有一种稳定感,这种稳定感有多种标准来衡量,最简单实用的标准就是视觉冲力力度是否符合穿着者所代表的行业或企业的要求。制服的色彩变化相对比较单一,设计师要能够在色彩中找到其细微的变化,根据不同行业和企业的特点进行选取,同时考虑到每套服装和系列服装比例的均衡,将不同的色彩以恰当的比例融合在一起,做到每个制服方案都是根据不同公司的品牌文化和定位来选择其合适的色彩搭配。比如由克里斯汀·拉克鲁瓦(Christian Lacroix)为法国航空公司设计的体现法航客服理念的新款制服,设计师针对17个与客户直接接触的职业类别,进行了100项服装和饰物的设计。制服的主色调为深海蓝色,搭配浅蓝色和白色衬衫,腰间系洋红色腰带,这位法国服装界大师以其高雅的时尚品味成功诠释了法航精神,新的制服设计获得了巨大的成功!配以法航标志,并融简约高雅、功能实用于一体。

2. 协调统一

协调统一指的是一套制服色彩在视觉上的协调与色彩秩序上的一致性。艺术的最高境界是和谐,制服的色彩搭配也是如此,通常太花俏的色彩设计不适合制服所要传达的讯息。这就是为什么大多制服都以少数的色调搭配来形成协调统一的秩序感。

在实际的运用中,我们一般采用类似色或对比色的搭配。类似色指的是色环中排列在60度之内的色彩;对比色指的是色环中排列在110度至180度的色彩。对比色和类似色这两种色彩搭配方式在制服的色彩规划中是相辅相成的。如果类似色的搭配不能很好的协调,会使制服过于沉闷,缺乏动感;反之,如果对比色的搭配不能很好的统一,会使制服缺乏时尚感。比如一些产品促销人员的制服,为了吸引消费者的眼球采用多种色彩撞击的搭配,来表现强烈的视觉冲击力,这就需要注意色彩运用的协调统一。

(三) 面料特征

面料特征指的是制服在面料和辅料上运用的特点。归纳为以下三点:

1. 经济美观

经济美观指的是在保证制服美观和质量要求的前提下,应尽可能地控制其成本。从客户方来讲,员工制服的费用是有事先预算的;从设计制作方来说,制服没有品牌服装的高额利润,也不可能像过季的时装那样大幅打折。

设计制服其实是一个和成本无法脱离的过程,因此,制服设计师在设计的过程中经常遇到自己的想法和成本出现一些出入,其中制服的面料是制约制服成本的一个主要方面。除了少数特殊场合定制的礼仪服、特种服外,大多数制服在选择面料、辅料时一定要首先考虑经济性和美观性的协调,有人说制服设计师的一半是商人,他必须对其成本核算斤斤计较,比如上海市巴士员工的制服,一次夏季衬衫的换装就在十五万件左右,哪怕是一粒纽扣,都需要经过精确的计算,一件制服上多一枚纽扣,可能就会造成超出成本的预算,不能满足客户的需求。设计师在设计制服的过程之中,要将成本的概念牢牢地贯彻在脑海之中。通过款式搭配和面料运用将制服整体效果提升,这是对设计师的要求,也是对制服公司自主设计力量的严格考验。

2. 实用舒适

实用舒适指的是制服面料在穿着工作时体现在功能和感受上的需要。既然是从业人员工作时穿的服装,从制服的精神性来看,制服必须有利于树立和加强从业人员的职业道德规范,培养敬业爱岗的精神。制服属于常规性的服装,年复一年,日复一日,使用率比一般的时装要高,这就对面料的舒适性有了一定的要求,穿上制服后,舒适度高的面料会给穿着者带来更好的感受,对工作的效率也有一定促进作用。

如果穿着环境、经济条件和职业特点允许的话,一般不选择完全是涤纶、涤丝、尼龙、中长纤维等人造化学纤维的面料来制作员工的制服。因为在短时间之内,这类制服大都色彩鲜艳、免烫抗皱,坚牢耐穿,而且面料成本很低。但是穿着一段时间以后,制服的一些部位通常都会被磨得发光发亮,表面上也往往会藏污纳垢、起毛起球,还极易跳丝或产生静电,透气性差,穿着舒适度不佳,易给人低档的感觉。因此,在制服面料的选择上,经济与实用之间必须互相权衡找到一个最佳的平衡点,在不同行业和职业会有相适应的高中低档制服面料来满足其不同需求,既有经济实惠的面料产品,又有高档典雅的面料产品。而从这个平衡点上来看,现代制服的发展方向是对面料的高要求,是舒适性与实用性的统一。

3. 科技功能

科技功能指的是制服面料为满足工作环境要求所具备的特殊性能。制服与普通服装面料的最大区别就在于有些特殊制服面料的科技含量要求较高。在这类制服的范畴里,面料的科技功能性居重要地位。它可以克服恶劣的工作环境,有效地保护人体安全。核电站工作人员需要防辐射服装,宇航员要穿太空服,潜水员需要潜水服,生产火箭等高精度产品者需要能防止最小灰尘进入的屏蔽服。

因此,现阶段制服面料的研究方向是基于实用性的基础上,满足科技功能性的延伸,适应不同的特殊行业来研制开发防水、防油、防尘、抗静电等功能的产品。由于增加高科技投入,使多功能的制服面料产品更具有各种特殊功能,与之相关的面料研发和生产成为众多制服企业的重要课题。比如适用于电子、光学仪器、制药、微生物工程、精密仪器等行业的具有无尘和抗静电性能的特种工作服，其衣料一般是嵌织导电丝的合成纤维织物，可防止衣服的静电积聚，适用于对静电敏感场所或火灾或爆炸危险场所穿用。同时，这种防静电性能必须是持久、高效的，不会因为日常的洗涤以及摩擦而显著衰减。加拿大研究出来一种供火山探险家、矿工，以及研究灰熊生活的野生动物学家等特殊专业人员在复杂恶劣环境下使用的可承受130公斤重压、可抵挡弓箭射击和几支12号散弹枪射击的密闭超级防护服。日本帝人公司，目前则已开始销售其开发的适用于钢铁、电力、天然气等高温作业，可抵挡高达1 300度超高温的耐热防护服。我国自发研制的神州七号宇航员所穿着的服装，每套造价1.6亿元人民币，其面料是数百名专家经过多次研发而成的特殊面料，这种新材料可以防火和抗辐射，充分考虑到了飞行中遇到的所有可能，应该说是制服面料设计的一种高科技创新。

二、生产特征

（一）定制

制服的定制生产特征表现为制服根据设计要求结合穿着者的体型身材和工作环境进行生产制作。从制服的色彩、面料、款式、整体搭配等多方面考虑，提供最具个性化的定制方案，为企业打造富于内涵及品位的全新个性化职业形象。

制服与流行服装不同，具有相对稳定性。它在社会和行业发展中逐渐形成并定型。在国际上有些行业已有了统一的原则标准，如医护服统一采用白色；厨师戴白色高帽子等等。制服经历了从少到多、从设计的单一化到丰富化这样一步步的过程。在这样的过程之中，制服开始具备了定制化的生产特征。2008年北京奥运会的颁奖礼仪制服就是典型的制服定制化生产特征的表现。全套颁奖礼仪服装包括鲜花及奖牌托盘、礼仪人员服装（女装）、嘉宾引导员服装（女装）、运动员引导员服装（女装）和升旗手服装（男装）四类。其中女装的十五款分为五个系列，每一系列分别按照嘉宾引导员、运动员引导员和托盘员的不同职能设计了三个不同款式。在奥运会的302场和残奥会的472场颁奖仪式上，这五个系列的服装将分别出现在不同的场馆及比赛中，每套制服根据礼仪小姐的体型身材量身制作，颁奖礼服获得了国际奥委会和社会各界的高度赞赏和认可，成为北京2008年奥运会颁奖仪式的重要元素之一，是展示北京奥运会理念和中国文化的重要载体。

（二）批量

制服的批量生产特征表现在一次生产的多件款式、面料、色彩和工艺等完全相同的制服。制服从一个被小规模群体统一的穿着，发展到了被大规模群体穿着的服装，这中间最明显的就是人们对制服接受程度的改变。制服生产中的批量性使得制服的发展势必面临着被一定程度的群体所接受的要求。一款制服的生产甚至可以达到百万件，这同时装有了明显的区别，一款时装的生产一般控制在百件以内，即使是大品牌的服装公司，在生产时装的过程中，也势必会考虑到生产数量的问题，因为时装的设计毕竟还是一种针对性的小范围内的创作，更加注重多款式的搭配组合。

制服批量生产模式较为传统，可以通过合理排料节约原材料，减少机器设备和工具的更换时间，工人能够比较长期地从事一种作业，易于提高劳动的熟练程度，因而劳动生产率较高，从而节省人力、物力、财力和时间，并有效地利用各方面的资源。但是制服生产的批量性所带来的不利也是显而易见的，比如合体度低，适用员工层次不齐等等。

三、销售特征

制服销售作为服装销售管理学科的分支,近年来有着长足的进步。进入21世纪,中国制服市场销售的竞争也发生了变化,集中体现在集团采购和网络采购两大方面。

(一) 集团采购

中国在改革开放前并没有真正意义上的集团采购形式,那时的服装市场是封闭的。改革开放后,中国经济飞速发展,市场的竞争化和开放化程度日趋加强,市场自我调节的功能逐渐完善。在这种有利的经济形势之下,制服市场在企业的需求下快速膨胀,企业方常邀请多个制服公司面对面的洽谈,参考各个制服公司的背景和以往的设计案例,向他们提出企业方的具体要求,接下来再进行投标与竞标的过程。这种集团采购的方式便于双方的沟通,制服公司可以根据具体情况采取主动的调整和回应。比如2009年上海巴士集团向外界公开招标司机与售票员制服的设计与制作方案时,众多有实力的制服企业都参与其中,在经过设计方案、样衣制作、实地考察等几个环节的竞争后,三家制服公司赢得了这次机会,将为数万名司机和售票员设计和制作新换装的制服。

(二) 网络采购

近年来,随着信息科技的迅速发展,互联网日益在全球得到普及与应用。特别是自20世纪90年代以来,互联网的飞速发展在全球范围内掀起了互联网应用热。在以信息网技术为主导的知识经济时代,企业置身于激烈的市场竞争中,要想获得更大的生存和发展空间,必须更新经营管理理念,改变传统的管理方式,建立符合信息时代特征的企业管理模型。截至2007年,美国仍是互联网的主要市场。但是,在未来10年的时间里,事情可能会发生很大的变化。中国是一个常常被提到的增长市场,很多制服公司纷纷利用互联网进行相关产品信息的发布,开展产品的电子销售,提供各种信息服务。一种建立在互联网基础上的全新采购方式得到了广泛应用和推广,成为网络时代企业竞争优势的新来源。

这种销售模式是网络时代增强企业竞争力、降低成本、提高经济效益的最佳模式。旨在能够减少运营成本的费用,从而在性价比上达到最好的效果。越来越多的企业从企业自身管理和盈利上考虑开始接受网络采购这一方式。美国《财富》杂志统计的全球500强企业几乎都已在网上开展了营销业务。原英特尔CEO葛洛夫曾声称:“5年之内所有企业必须上网,否则必然倒闭。”网络营销也消除了企业规模大中小之间的差别,使各个企业都站在同一起跑线上。① 从企业方考虑,现阶段网络上销售的制服良莠不齐,并不规范,企业在选择网络采购产品时,应注重从制服公司的生产经营规模、声誉和形象、控制渠道的程度等多个方面去衡量,慎重选择适合自己的且有一定信誉度的制服公司进行网络采购。

三、功能特征

(一) 制服的识别性

1. 行业识别

制服应充分体现其行业形象,具备行业识别功能。工作人员穿着制服后,外界可以通过制

---

① 刘光峰,魏仁坚.网络营销——理论与实践.北京:清华大学出版社,2000.

服的款式、色彩搭配、服饰配件和企业标志的不同来判断其所属的行业。正如齐奥尔格·西美尔[①]所言:起作用的不仅仅是个性化与社会化的混合,实际上更像是操控感与服从感的混合。显然在行为的过程中服装的暗示和引导性已经不知不觉地潜入了人脑的指示系统中了。在拥有明显特征区分的行业之间,比如:航空、医院、消防等,制服能更加突出其职业特点和行业特色,这种突出也是一种标识性的体现。在职能性区分不强的行业之间,比如公安和部队,医院和研究所人员等等这些相似行业之中,制服可以更深层次地将他们的职业特色挖掘,充分地将制服的优势融入行业的特色之中,将制服作为区分他们之间的方向标,更加突出各自的行业特征。一件成功的制服应该深刻地展现一个行业的特征。在原有制服的形象上增加其行业更多特定身份的标志,在一定基础上进行深层次的款式创作,使这些行业的制服各自成为一种模式,特点明显并深入人心,让人们对其印象深刻。比如现今酒店制服中标志性最强的服饰应首推18世纪末由法国厨师安托万·克莱姆创造的"高筒白帽",这是国际上公认的厨师制服标志。还有证券公司的"红马甲"、硕士学位服和法官律师的法庭着装等都是一些非常成功的制服案例(图1-21),它们的识别性能经过穿着环境和时间的考验已经深入人心。

图1-21 学位服是学位获得者在学位授予仪式上穿戴的表示学位的正式礼服,是其获得学位的、有形的、可见的标志之一

2. 企业识别

"制服是企业的名片"这句话充分体现了制服的企业识别功能。制服作为企业与外界接触的视觉工具之一,人们可以根据企业员工制服所塑造出的整体形象,判断出该企业的商业性质、经济实力、营销理念、文化品位、企业精神等多方面的物质文化和精神文化内涵。具备准确识别性的企业制服,不仅可以避免双方企业发展中的一些误会,也可以成为企业谈判场上先人一步

---

① 齐奥尔格·西美尔是德国思想家,他同马克思、韦伯一道并称为现代资本主义理论三大经典思想家。

的优秀标志,给客户带来良好的第一印象。比如A和B两家公司使用了同样一种颜色作为企业标识色,企业制服也都定位为西服套装,那么我们的制服设计者不能单单只是将胸前公司的标徽改动一下了事,个性化的包装可以从这个企业本身的特点上、优势上进行延伸,也可以从某一不为常人容易发现的优势上进行包装。这就要求设计公司能够尽可能地探索到企业的发展优势,站在一个更有力的角度而融合进企业文化之中,在设计和制作上有更多的国际化倾向,在民族性与时尚性的结合上与时代同步,从而使企业制服在同行业中突显出来。

3. 职位识别

制服应明显地表示出穿着者的职位,体现出制服的职位识别功能。对企业内部人员来说,制服能够使员工迅速准确地互相辨识,以便于进行联系、监督和协作;对企业服务对象来说,制服能够向人们传达一种提供相关服务的信号。这些都是设计师在设计制服时候需要考虑的元素。比如在商船上职位最高的是船长,然后是甲板部(大副、二副、三副、水手长、木匠、水手、大厨)和轮机部(轮机长、大管轮、二管轮、三管轮、机工长、铜匠、机工)。各岗位分工和职位都非常明确,制服的职业识别功能使他们从同一定义下的制服之中,分支到不同的特色道路上来,将制服的职位识别功能更加深层次地挖掘出来,把它们之间的区别从一个细小之处放大到整个制服的精神之中。

(二)制服的实用性

1. 安全保护

防护功能来源于制服本身的属性。制服是一种行业化和个性化很强的服装,它不仅要求色彩的区别、款式细节的多元化,更重要的是它在功能防护性上的实用要求。防护实用性主要满足工作人员的操作需要和穿着感受。合理的制服设计和面料的选用能使穿着者感觉舒适,款式结构上符合人体工学,面料上根据工作环境选择经济适用的,而在色彩上则更多地要考虑工作性质和实际的工作环境,总之要使其结构合理确保安全性。实用的制服应适合其所处的工作环境,方便可操作性。比如在一般工业、运输业中,制服必须同作业环境、工作条件相适应,确保穿着者操作灵活、便利;在宇宙、极地、高山、水下等特殊环境作业或从事灭火、核实验等特殊职业的人员,制服必须对从业人员身体各部位提供充分的防护,使人体免受作业环境和有害物质的伤害,达到安全作业的要求。

2. 行为导向

制服的行为导向功能在于制服本身就是企业为体现自身特点,并有别于其他企业而特别设计的着装,它具有很明显的功能体现与形象体现双重含义。一方面,制服规范了穿着者的行为并使之趋于秩序化,让工作人员更加规范自身的行为,有利于树立和加强从业人员的职业道德规范,培养敬业爱岗的精神。不同的社会团体企业之间的制服存在很大的差异,而同一部门的职业装则代表着一个形象在款式造型、色彩、材料上具有统一特征,显得整齐有秩序;另一方面,制服是企业集团的理念传播,视觉传达中最为直接的、最重要的形象载体,也是与人们职业特点密切相关的服装。企业作为一个利益共同体,它的事业目标是企业对员工的一种利益吸引,也是对大家行为方向的一种界定。通过对目标的努力,员工的精神文化才能得以逐步形成,共同的价值观和共同的信念会使企业员工凝聚成一个整体,并在工作中遵守企业的行为准则和道德规范,为实现企业的经营目标而努力。它是企业优良传统的结晶,是维系企业生存发展的精神支柱。同一个团体,企业内职业装的不同,则表明穿着者的服务范围、职责权限及工作岗位的不同,这对职员的行为规范、组织管理及形成良好的工作环境,提高工作效率都能起到积极的作用。比如酒店的职责分工较多,仅在大堂区域至少就有大堂经理、前台接待、门童、行李员、保安和清扫六个岗位,员工穿着制服后站在所处的工作环境中,自然就投入到自身的工作中,增强工作责任心和集体感,并以职业行为和道德来规范自己,同时也扩大了企业的知名度,树立了良好的企业形象。

第四节 制服的市场

受益于上游供给能力的逐渐改观,制服市场的外部环境将进一步向有利的方向发展。目前在各个重要技术环节,预计也将相继取得重要进展,从而有力地推动制服市场需求的发展。

一、制服的市场需求

当前,世界三大经济板块之间相互交叉、相互合作、相互竞争,我国的主要市场和贸易伙伴都在这一范围,美、欧、日占我国外贸进出口总额近一半。因此,密切关注世界三大市场的动向尤其重要。正如有专家所言:区域经济合作发展的动机、地域分布、组织形式出现的一系列变化,将对世界经济发展的方向与格局产生决定作用,并对世界各国的各行业提出新的机遇和挑战,藉此契机社会各行业的发展也带动了制服市场的需求量。未来几年我国制服需求市场将会有很大的提高,仍具有很大的市场空间。现代职业制装已经突破了传统意义上工作服的概念,成长为一个占有数亿消费者市场的服装门类,其自身也在向细分化方向发展。

二、制服的市场渠道

保证制服市场渠道的稳定是制服公司发展的关键。制服公司应非常重视其市场渠道的建设和发展,保证制服市场的销量和自身产品的渠道尽可能稳定。但由于市场上制服品牌众多,竞争激烈。为满足市场发展的需要,无论是制服公司选择企业还是企业选择制服公司都将是适者生存。

制服的市场渠道包括制服销售渠道和制服推广渠道。制服销售渠道是制服产品从制服公司向企业转移所经过的通道或途径,它是由一系列相互依赖的组织机构组成的。即制服产品由生产者到用户的流通过程中所经历的各个环节连接起来形成的通道。在这样的过程中可以创造以下三种效能:①时间效能,即市场渠道能够解决制服产需在时间上不一致的矛盾,保证了客户的需求;②属地效能,即市场渠道能够解决商品产需在空间上不一致的矛盾;③所有权效能,即营销渠道能够实现产品所有权的转移。网络市场使营销渠道的三种作用得到了进一步的加强。在时间和地点上,它使产需不一致的矛盾得到了较为有效的解决,客户能以最近的地点,以较快的时间获得所需的制服产品。商家也能在较短的时间内,根据客户的个性化需要进行生产,并在最近的地点、以最小的费用将产品送到客户手中。市场营销渠道系统创造的资源对制服制造商的发展有相对的弥补作用。制服的推广渠道是在深入分析企业现状、制服产品特点和行业特征的基础上，为企业量身定制的个性化、高性价比的一系列推广营销途径。制服的推广渠道主要是针对性强的投标和广告推广。这种模式区别于时装的大面积铺开推广，是一种针对性极强的推广模式。一般制服公司都有可能发展面对自身客户的几个重要项目，针对每个项目，制服公司会制定相应的竞标书。根据竞标书来确定是否参与这个项目的运营，所以制服的推广渠道是在小面积范围内的针对性推广。

三、当前存在的弊端

(一) 专业化程度不高

目前我国制服的发展还存在着一些不足之处，最主要的问题体现在缺乏自主的设计力量以及规模化、标准化的行业操作。面临这些问题急需整个制服行业进行科学性、系统化的调研，为职业制服企业提供宏观的分析指导，并用相关科学的设计规范促进产品的功能化、时尚化，提升制服行业的文化品位，促进制服产业从制造型向设计型升级。此外，在欧美国家，相关机构和企业对职业服的功能研究非常精细，如一些特殊行业职业服的防火标准被细分为许多等级，发达国家还注重将新材料应用于职业服，使之在防辐射、抗静电、美观舒适等方面不断更新换代。因此，我国的职业服生产和经营也应该从成本竞争逐步过渡到研发竞争与品牌文化竞争。为了能够从根本上尽快解决这些问题，由东华大学服装学院职业服研究所领衔的“中国职业服需求调查”也已经启动，所谓没有调查就没有发言权，此项调查将从不同的职业环境、劳动强度、工作性质、职业防护需求等角度入手，对我国金融行业、通信行业、航空行业等诸多行业的工作着装的流行主题、色彩、面料、款式、搭配等方面开展全面调查，从而建立起各个行业职业服的穿着及设计标准，并研究职业服流行趋势，丰富中国职业服的文化内涵，推动中国制服行业的发展。

(二) 投标竞争体制不规范

我国《招标投标法》第二十八条规定：投标人应当在需求方要求提交投标文件的截止时间前将投标文件送达投标地点。招标人收到投标文件后，应当签收保存，不得开启。为了保证引起充分竞争，对于投标人少于三个的，应当重新招标。这种情况在国外称之为“流标”。按照国际惯例，至少有三家投标者才能带来有效竞争，因为两家参加投标，缺乏竞争，投标人可能提高采购价格，损害招标人利益。《招标投标法》第十七条规定：招标人采用邀请招标方式的，应当向三个以上具备承担招标项目的能力、资信良好的特定的法人或者其他组织发出投标邀请书。但是，在邀请招标中，缺乏市场监督和规范运作机制，招标人有可能故意邀请一些不符合条件的法人或其他组织作为其内定中标人的陪衬，搞假招标。目前有些国家机关如公安、高法、高检等部门采取了政府采购，集体招标的办法，但缺乏必要的中介审核机构，因此绝大部分企业没有参与竞争的机会，或者由于门槛过高，条件限制，更多的企业与此项举措无缘，导致竞争无序，市场运作更加复杂和艰难。

第五节 制服与时装的关系

一、制服对时装的影响

通过对近现代服装史的了解，我们可以发现制服与时装有着相关的联系。时装从制服中获取灵感，制服也在流行时装中汲取元素。法国时装大师可可·夏奈尔（Coco Chanel）就擅长从男性制服中得到设计灵感，她甚至从当时汽车司机的制服上得到启发设计了橡胶面的雨衣；美国人在19世纪为应付繁重的搬运工作而设计出一种非常耐用的工作服——牛仔裤，现在却在时装界独霸一方，可以说是各大品牌的必备单品；同样在美国，早期只是一些工人和水手穿着的T恤，从20世纪50年代起，它越来越普及和流行，并成为个性、舒适的最佳服装载体，受到各类人士的青睐。此外，从制服中获得设计灵感在现代作品中经常能够反映出来，比如Stefano Gabbana和Domenico Dolce（斯蒂芬诺·嘉班纳和杜梅尼科·多尔奇）在2006年秋冬，就把拿破仑时期军装的狂热与奢华带到了发布会现场，高领的骑士上衣和膨胀的短裙上一致的双排扣看上去有一种军装制服的美感；垂缀的金色点缀在模特的手包和腰带上，昭示着帝国玫瑰的独有魅力；天鹅绒的外套流畅奢华；晚装和大衣上闪耀着华丽的金色。高腰上衣加上高领衬衫，紧身的灰色马裤，英挺而高贵，有欧洲战争情结的女人们可以从这里获得满足。（图1-22）而军队制服所特有的威武和阳刚之气，也使其成为很多设计师的创作灵感，日本设计师渡边纯弥（Junya Watanabe）也常以军装、工装制服作为设计延伸的基础。

图1-22 2006秋冬，Dolce&Gabbana品牌的服装作品充满了军装气质

二、制服和时装设计大师

随着社会的进步，人们的职业荣誉感不断提升，对制服的时尚度和个性化就有了更多的需

图1-23　2005 年法国航空公司的空乘人员换上了由克里斯汀·拉克鲁瓦(Christian Lacroix)设计的新款制服,此系列制服将历史与现代以及法国式的高雅与开放结合得淋漓尽致,得到了外界的一致认可和好评

求,时尚化的制服能得到更广泛的认同,并能体现企业较高的审美品位,因此,很多企业不惜花重金聘请国际时装设计大师来完成自身的系列制服设计。比如瑞奇·泰勒(Richard Tyler)为美国达美航空公司设计了新装,稻叶贺惠(Yoshie Inaba)为日本航空公司设计了新制服,而英国航空公司则延聘了朱利安·麦克唐纳德(Julian MacDonald)提升其整洁风格。大韩航空公司的新款制服出自意大利设计师贾恩·费雷(Gianfranco Ferre)之手,他以在传统和现代理念中融合东西方美学而享誉全球。而法国航空自 1946 年以来一直是聘请著名时装大师为自己的员工打造形象,曾先后与克里斯汀·迪奥(Christian Dior)、皮尔·卡丹(Pierre Cardin)、妮娜·里奇(Nina Ricci)、爱马仕(Hermes)、克里斯汀·拉克鲁瓦(Christian Lacroix)等大师合作(图 1-23)。2010 年上海世博会意大利馆工作人员的制服则出自国际大牌普拉达(Prada),制服的面料主要以罗缎和弹力绸等制成,通过运用玫红、白色、金属色等鲜亮活泼的色彩搭配,有力地凸显出 2010 年世博会意大利馆礼宾接待员们时尚优雅的形象,女士制服鞋为尼龙和压纹牛皮材质的运动鞋,男士制服鞋类材质为尼龙和头层牛皮。这两款制服鞋均采用灰白双色搭配,女款还相间了银色点缀。另外,制服统一配有银色斜挎单肩包,款式为普拉达(Prada)的经典降落伞布帆布系列(图 1-24)。

在国内,1988 年,中国国际航空公司邀请皮尔·卡丹为航空人员设计制服,皮尔·卡丹结合中国人的特点,引入了简捷明朗的国际化理念,设计出了具有历史意义的宝石蓝颜色制服;2002 年,法国著名时装设计师奥里维叶·拉比杜斯(Olivier Lapidus)受邀为重组后的国航设计了新制服,新款服装包括红色/蓝色套装、真丝方巾、马甲、长短袖衬衣、围裙、风衣。设计师采用明瓷中霁红与青花两种颜色作为女空乘人员制服的两种主要颜色,以体现东方女性的含蓄优雅之美;2006 年,中国南方航空公司采用了由法国著名服装设计师史提浦·苏(Stephane Son)的设计方案,在万米蓝天向国内外旅客展示南航空姐新形象。

在近期 2010 年上海世博会中,其志愿者制服就出自东华大学服装学院的优秀设计团队,这套服装采用白色和绿色的色彩搭配,象征和谐、洁净与创新的主题。志愿者制服在面料选材上使用天然、环保的棉质材料,制作工艺上运用具有高科技含量的编织技术,达到制服美观度与舒适度的双优要求。

图 1-24　2010 年上海世博会，意大利展馆工作人员的制服堪称是最顶级奢华的服装了

本章小结

本章通过对制服定义的描述和分析，理清了制服的基本概念，指出了制服的分类、特征要素及其研究范围，对不同行业和不同类别的制服有了初步的了解，特别是对制服存在的一些共性特征的分析——即设计特征、生产特征、销售特征和功能特征，都需要初学者一一掌握，这是制服设计的基本研究内容，也是进入后续章节的基础知识。

思考与练习

1. 制服有哪些行业分类？其显著特点是什么？
2. 制服的设计特征有哪些？
3. 从制服的实用功能性考虑，夏季制服在设计时应注意哪些方面？

第二章 制服简史

纵观整个制服的发展史，制服自诞生之日起就作为一种服饰品出现在社会上，它是社会发展到一定阶段的必然产物，受外界和人为因素的影响，具备了技术属性与社会属性。从西方到东方，从国外到国内，从设计的萌芽时期、手工业时期、前工业时期到现代主义时期、后工业时期，制服都经历了不断变化与革新的过程。这是一个不断进步和适应社会需要的过程。社会发展到现在使制服逐步具有功能与审美的双重标准，随着科技和工业的发展也使制服行业走上了产业化道路。

第一节 制服的诞生

诞生指人的出生,用于比喻新事物的出现。制服的诞生指的是制服的产生,是制服从无到有的出现点。制服的诞生有着深刻的基础,它和任何一样新事物的产生类似,都是基于行业的分裂和升级。促使制服诞生的因素很多,归纳起来,可以分为外因和内因,外围因素主要来自于经济环境要求,内在因素主要来源于服装发展的行业基础。

一、制服诞生的经济环境要求

经济水平是商品经济发展与人民消费的基础条件,一个国家的经济水平决定了其社会物质条件的进步速度和长远的发展空间。社会经济的发展使制服行业经历着从无到有、迈上一个个新台阶的过程,也为制服的诞生提供了必要的前提要求。

比如我国"冕服制度"诞生的殷商王朝①统治时期,是中国奴隶社会的鼎盛时期,商代的农业和手工业生产开创了中国社会经济全面发展的新局面。商代已经具有相当发达的文明,甲骨文、青铜器和城市构成了商代文明最突出的特征。作为奴隶制度的主要表现形式,商代的经济制度已基本完备,并对社会经济的发展起到重要的控制作用,主要分为土地制度、财政制度、商业与货币制度等。这些经济制度与政治、军事制度相辅相成,为商代社会的发展提供了必要的条件。奴隶主从物质占有的角度统制了服饰资料,同时从精神统制的角度,把服饰文化确定为"礼治"的重要内容②,也为冕服制度的诞生提供了必要的经济环境要求。可见,制服与经济的发展有着密不可分的联系。除此之外,制服在欧洲的发展也是由于资本主义资产迅速扩张带来的行业细分催促而成的。

制服行业的发展离不开一个国家的发展,国家经济水平的提升必然会影响到制服行业的变化。同样的道理,在中国,服装行业随着社会的经济发展而延伸出更多的分支类别,制服就是其中之一,可以说经济繁荣是制服诞生和发展最重要的环境因素。以宋代为例,曾担任亚洲研究协会主席的美国学者罗兹·墨菲(Rhoads Murphey)称宋朝是中国的"黄金时代",在《亚洲史》中这样评价宋朝,"在许多方面,宋朝在中国都是个最令人激动的时代,它统辖着一个前所未见的发展、创新和文化繁盛期。从很多方面来看,宋朝算得上一个政治清明、繁荣和创新的黄金时代。宋朝确实是一个充满自信和创造力的时代。"在这样的一个背景下服装也有了改善,孟元老著有《东京梦华录》一书,是一本追述北宋都城东京开封府城市风貌的著作。书中记载酒楼饭铺时,有"更有街坊妇人,腰系青花布手巾,绾危髻,为酒客换汤斟酒"的描述。这种标识主要是从行业的客观上考虑,还没有形成某一店家(如张家店、李家店)的特定着装形象,但它却实实在在具备了制服的基本特征,无疑已经显示了制服社会符号的特性。

二、制服诞生的行业内部基础

新事物的诞生必然是随着其所属行业的变化而产生。这里所指的是制服行业诞生的内部

① 殷商(公元前1600年—公元前1046年)是中国历史上继夏朝之后的又一个王朝。公元前1600年,商族部落首领商汤灭夏创立了这个王朝,一共经历了17代31王,总共554年历史,至公元前1046年1月20日被周武王所灭。

② 黄能馥.中国服饰通史.北京:中国纺织出版社,2007.

推动力，其表现为服装行业内部的分裂或是升级。随着服装行业的发展和日渐规范，也带动了制服的需求，而制服的诞生也促使服装行业内部发展。

制服行业诞生的内部推动力与政府政策有着密不可分的关系。政策的调整是根据国家或地区的经济发展状况，结合国家战略做出的宏观性经济发展规划，伴随出台一系列配套性政策法规，这些政策的颁布可能意味着某种新服装格局的诞生。另一方面，服装行业的规范与市场竞争力有关。当服装行业发展到一定程度，市场对服装的需求也就会精益求精，强大的市场竞争使服装行业的内部更加规范，进而产生分裂或升级这两种结果。制服也就随着行业内部的升级而产生。

三、国内外制服诞生的初始形态

（一）国内

中国制服的雏形可以追溯到殷商时期的“冕服制度”。从历史角度来看，中国制服诞生的初始状态反映了当时中国统治者集权力量的状态。冕服诞生于士大夫之间，是古代大夫以上阶层官员的礼冠与服饰（图2-1）。虽然冕服的种类、使用的范围、章纹的分布等等屡有演变，各朝不一，情况较为繁复，但冕服制度一直沿用到明代（图2-2）。至清朝废除汉族衣冠，冕服制度在中国亦随之终结。但从清乾隆时期起，冕服上特有的“章纹”仍然装饰在皇帝礼服、吉服等服饰上，民国三年定制的“祭祀冠服”也将“章纹”应用在上衣，作为区分等级的标志。等级森严的冕服制度是封建社会等级制度的显著标志，也是我国制服诞生的初始形态。

图2-1 夫妇宴饮图（东汉）图中男主一侧并立二男仆，其中一男仆右手执麈尾，左手执笏拢於胸前，头戴黑帽

图2-2 出土于陕西西安临潼的秦始皇兵马俑，身披战袍恺甲，是当时秦朝威震四海的强大军队中一名战士的真实写照

图 2-3　梦想征服世界的霸王亚历山大大帝，身披短式斗篷战袍

（二）国外

在欧洲上古希腊的古风时期出现了最初具有制服的实用和标识性的服装。（图 2-3，图 2-4）这其中有一种被称为“克拉米斯”的短式斗篷，它是专门为打猎和护卫随从设计的，在旅行、骑马时能遮风挡雨，又便于活动。它比披身长衣要短小，通常被披在左肩并用扣针将两端系牢于右肩上。如果想使两臂更为灵活方便，还可以将其用别针系在胸前。而这种斗篷因其具备一定的行业穿着性，其设计也具备了实用性强、针对性强、行业归属性强等制服特征。而素有“制服王国”之称的日本，制服诞生可以追溯到三世纪后半开始的古坟时代。（又称大和时代，日本继弥生时代之后的时代，从西元 300 年开始，迄于西元 600 年，因当时统治者大量营建“古坟”而得名。）受制于当时的生产力条件，士兵主要以挂甲、短甲等简单朴素的甲胄为主。所谓挂甲是用绳索穿连并且层叠甲片，下面的甲片覆盖上一片的底端，从而形成下层宽于上层的铠甲样式（图 2-5）。奈良时代的两档式挂甲更是日后大铠的前身。而短甲则是将皮革或金属的札片连缀成整体，以保护住身体主要部分的甲胄。

图 2-4　古代战士的盔甲制服

图 2-5　日本古代士兵铠甲

第二节　制服的发展历程

从国内到国外，从东方到西方，制服的发展都经历了漫长的历程，这是一部实用技术与艺术结合的历史。本节主要阐述近代至今制服的发展简史，并将其划分为几个阶段，分述了各个阶段制服的主要形式和特征。

一、国内制服的发展

中国的制服古已有之，发展到现代形式的制服经历了漫长的融合阶段。从鸦片战争后，国门打开，外国人开办的企业规定员工穿着工作服；到中华人民共和国成立后，行业的各项规章制度逐步制定和完善，分工明确，特别在改革开放初期，广州等地区各个酒店兴起的统一着装带动了制服行业的崛起；再到21世纪的学校、医院等各个行业领域所穿着的员工制服。在这个漫长的制服发展中，制服经历了从少到多，从特殊化到大众化一步步的过程。

（一）第一阶段

1840年鸦片战争后，当时由外国人开办或管理的银行、医院、铁路、矿山、海关、邮政、加工制造等行业规定从业人员穿着制服。同时，清朝政府也开始规定部分官营企业从业人员穿着制服。我们先以邮政制服为例，发现其在发展期间经历了哪些质与量的变化。

邮政制服是工作人员执行邮政通信任务时穿用的具有邮政特殊标志的服装。1878年，赫德批准了关于信差应穿制服的建议。那时，海关开办的天津与北京之间的骑差戴制帽并着黑色号衣，上面有“津海关信差”字样。1881年，海关总税务司规定其邮务供事在值班时应穿灰色或蓝色的裤子，蓝色褂子和海关制帽，从此，蓝色成了当时邮政服装的主要颜色。

1897年3月，大清邮政官局规定了“大清邮政官局号衣”的样式，邮差的号衣（也称号坎、坎肩）胸前和背后都有一个“郵”字。信差、船夫穿用海蓝色布料制作的马褂，胸前缀有“大清邮政”4个红色大字，左右两臂各缀圆形臂章，上写“信差”“船夫”第号字样，左臂洋文，右臂中文。马褂上有五个铜扣，铜扣上也各有“大清邮政”字样。到了夏季改穿蓝灰色马褂，内地信差还必须佩戴表明身份的标志，如在右臂上佩戴有“大清邮政”字样的臂章，而且标志上不能带有西文数码或字母，以区别于通商口岸的邮政人员。各地奉旨开办邮政后，邮差、信差仍穿蓝色的制服或号衣。1905年1月，法国人帛黎任邮政总办后，重新规定：凡是邮政用的信筒、车辆、舟船，全部以黄绿两色作为邮政用品专用颜色，以绿色为主色，黄色作为陪衬，这为以后绿色制服的产生奠定了基础。“一战”爆发后，中华邮政制服逐渐统一。按照等级和工种的不同，制服有局长制服（包括轮船局长制服）、邮差制服（信差制服）。信差为深蓝色服饰，邮差为深蓝色斜纹布镶淡黄色边坎肩。这时一般邮政人员的服装仍以蓝色为主，但邮务长一级的官员已开始穿起了绿色的服装。可以推断，绿色起初只限于邮政用品及上层人物的服装。北洋军阀政府垮台后，邮政人员的服装开始使用绿色。从此，绿色就逐渐成了邮政制服的主色调。

1925年中华制造总局专门成立了制服处，专门负责制服的制作和分发，采用的布匹有绿斜纹布，蓝哔叽呢等。20世纪40年代，以邮政为例的中国受限制服已发展到制帽、外套、草帽、绿色腰带、雨衣、雨帽、雨披肩、雨兜、油套裤、号裤、绿绑腿布、绿袜、皮鞋、靴子、胶鞋等等。而此时的苏区也采用号衣，号衣上有“交通”等行业不同字样。①

再比如警察制服，1902年以后，清政府仿效东西方各国建立警察机构，但警察的服饰从形式到章程都没有统一规定。到光绪三十四年，也就是1908年全国才有了统一的警察服装。民国时期的警服也先后经历了11次比较大的变革。

1928年井冈山革命根据地人民政府建立，最初的肃反委员会、政治保卫局、民警局、刑事侦探局，就成了人民公安的雏形。那时，公安人员与红军战士穿一样的服装。1938年5月，中共中央决定从延安边区保卫处、检查处等部门抽调部分干部战士，组建延安市公安局管辖的延安市警察队。警察队员的着装区别于当时的干部、战士的灰布军装，而是穿黑色警察制服，带黑白相间的大檐帽，领章是用铝合金特制的，正面铸有“边警”二字，意为“陕甘宁边区人民警察”（图2-6）。值得一提的是，在中华人民共和国成立以前，我国有一个特殊的地区，也曾实行警衔制和统一着装，那就是在1945年苏联红军实行军事管制的旅大地区。旅大市人民警察实行警衔制，按警衔着装，警衔分为警监、警正、警佐、警长、警士。警服是统一制式，夏装为绿黄色，冬装为青色。②

图2-6　延安市公安局管辖的延安市警察局制服

在这样一个现代制服形式的雏形阶段，制服的款式、面料、色彩等变化不大，涉足的行业和职位有限，是一个缓慢发展的过程。

（二）第二阶段

中华人民共和国建立后，世界服装发展历史的变化也深刻地影响着中国制服事业的革命性革新。

1979年起，政府又先后颁布民航制服、远洋外轮制服、石油工人制服、矿山坑道制服、养路工作制服、税务制服、交通监督制服、工商管理制服等。此时的中国制服多参照外国制服款式，结合本国原有制服和各行业作业特点设计制作而成。

我们还是以邮政行业制服为例。新中国成立后，由于采用“邮电合一”的制度，在较长时间内，邮政没有全国统一规定的制服。各地邮电企业为了工作方便还是使用以传统的绿色布料制作的服装，发给职工作为“工作服”穿用，非正式地起到了证明邮电职工身份的作用。1985年，为了整齐划一地突出“邮电标志”，邮电部统一规定了邮政服装的式样、规格标准和发放范围。服装式样分男女两式：男式制服采用墨绿色西服，紫红色领带，制服帽为圆顶大盖帽，帽前配有“邮徽”及黄色帽带；女式制服春冬装为小翻领上衣、中山装裤，夏季制服上衣的款式与春冬装相同，下身为裙子。服装款式新颖，朴素大方，墨绿色体现着和平、青春、茂盛和繁荣，显示着人民邮政的精神面貌，被人们喻为“绿衣使者”。值得一提的是帽徽，帽徽采用的图案是1981年6月

① 资料来源：http://www.postweekly.com.cn/onenews.asp?ArticleID=5400
② 资料来源：http://i.92wy.com/space.php?uid=756336&do=blog&id=93280

邮电部公布的邮电徽，它的设计颇具创意，由金色五角星组成圆形图案，五角星的上角和两个下角组成“人”字，中心和左右两个角，则由“邮”“电”两个字组成，整个图案表示“人民邮电”；底色是正红色，是中华人民共和国国旗的颜色。制服的肩章和帽徽图案在邮电徽的基础上加上了和平鸽形象，从而使制服更为美观大方，更具有象征意义。

图2-7 中国人民警察“五零式”制服

警服的式样也在不断的改进和发展。从1950年起至2000年，人民警察的制式服装在颜色和款式上进行了六次改革。每次改革，制服的品种和质量都有不同程度的增加和提高：①五零式：着装与中国人民解放军相同，其区别是胸章标有“人民公安部队”字样，臂章为盾形，上方横写黑色“公安”二字，下方缀军徽；(图2-7)②五五式：公安部于1953年设计了人民警察五五式制服、装备及帽徽图案，经政务院批准制作，1956年夏季在全国各城市普遍施行。上衣为白色和草绿色，下衣藏青色，平顶大檐帽(图2-8)；③五八式：颜色由藏青色改为藏蓝色，增加领章。领章正中间缀铜质盾牌，盾牌浮雕一大四小五个五角星，各警种一律佩戴领章；④六六式：再次与部队服装趋同，上衣草绿色，有红领章，下装藏蓝色。取消大檐帽。草绿色软帽缀一圆形国旗图案；⑤七二式：人民警察服装颜色由草绿色改为藏蓝色。消防民警已实行义务兵役制，服装仍保持上装绿色下装蓝色不变；⑥八三式：这是改革较大的一次，除草绿色、红领章没有新意外，其他变化都很大：上衣有装饰黄边的肩袢；袖口有两条黄色袖线，下衣饰有红

图2-8 中国人民警察“五五式”制服

裤线；大檐帽上有了警徽，胸前有了警号，上衣有了臂章；臂章上虽然仍有“公安”二字，但下面首次出现英文“POLICE”。（图2-9）⑦八九式：八九式警服基于八三式，公安臂章由悬挂式改为直接缝制在夏装与冬装上，臂章的款式与八三式相同。随警服单衣配发白色衬衣和带有公安标志的领带。1990年5月1日，公安部规定八九式警服取消红领章，改为佩戴橄榄枝衬托红色盾牌的领花。夏服为仿毛凡立丁，冬服是仿毛马裤呢。夏天有短袖上装、网纱大檐帽，冬天有大衣，还有风雨衣，单、棉、凉皮鞋，胶鞋、腈纶绒衣和绒裤等等。1992年改为有警衔标志的箭形领章。1995年改为肩章，臂章由悬挂式改为缝制式，下衣取消红裤线，配发黄衬衣、蓝领带，警号由红色改为蓝色。

在此期间，我国交通警察的制服也随之经历了一些变化，形成了制服样式的特色。（图2-10，图2-11，图2-12）

再比如海关制服的变化也较为显著，中华人民共和国建立初期，政务院批准海关为统一着装单位。海关工作人员执行进出关边境监督管理职务。中国海关制服的式样同样也有过多次变动：①1950—1959年，男、女海关人员制服均为人民装，军式硬帽，帽徽和铜扣上有“海关”字样，冬季制服面料为藏青呢料，夏季用黄卡其布；②1960—1966年男制服为中山装，海军式硬帽；女装上衣为西服，下身穿着裙子（冬季改穿长裤），海军式软帽。男女一律用刻有关徽的铜扣，佩戴海关专用臂章和帽徽；③1967—1971年，

图2-9　中国人民警察“八三式”制服

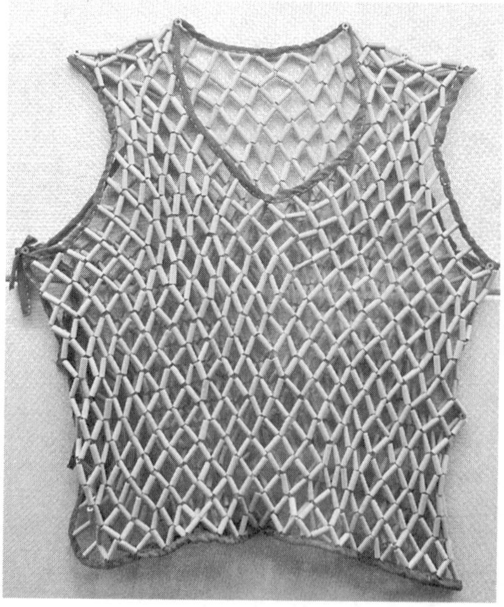

图2-10　20世纪50年代，交通警察使用的竹联背心

图2-11　20世纪60年代我国交通警察制服

图 2-12　20 世纪 80 年代,我国交通警察巡逻工作的场景

男女制服一律采用中国人民解放军干部服式样,佩戴圆形国旗帽徽,用凸型塑料纽扣。冬夏季制服均用深灰色卡其布;④1972—1978 年,男女制服均为军便服,佩戴人民警察式样帽徽及菱形臂章。夏服为棉涤平纹布;冬季为卡其布,颜色均为深灰色(1975 年将夏服改为米灰色);⑤1979—1984 年,男制服为中山装加软肩章,女制服为小翻领加软肩章。用国徽作帽徽和压有"海关"字样的铜扣,并配带周恩来总理书写字体、红底金字长方形的"中国海关"证章。夏服用米灰色棉涤卡其布,短袖衫用米灰色棉涤府绸,冬服用藏青色毛涤华达呢;⑥1985—1996 年,男女制服均为小翻领西装,有肩章,系领带,下面为西服筒裤,夏季女服加筒裙。男戴大沿帽,女戴平顶帽。肩章为黑色加金牙边,中间有金黄色关徽。领花为金黄色铜质,由和平鸽、关徽组成。用有关徽标志的黄色金属扣;⑦1997—1999 年,海关制服款式未作大的改动,重点是提高面料、辅料质量和制服加工水平,设计与制服相配套的肩章、号牌。

我国制服在经过这五十多年的发展变化中,突破最先狭隘混淆的理解,逐步开始倡导制服行业的发展,对制服的概念进行了重新定义,制服理念也越来越受到关注。

(三) 第三阶段

改革之初的中国,现代形式的制服随着改革开放而引进,是洋服饰的泊来品。最初行业制服的变化来自于酒店领域的制服革新。当时深圳、广州、上海开放较早,经济发展迅速,酒店业投资较多,因此对制服的需求渐渐增大,这样在设计上要求制服须在原本工装的基础上,加入更多更新的设计元素,昭示着酒店行业特有的吸引力和服务特色。它在色彩上要求统一而有变化,在款式上追求制服的创新,要求与时代、时尚、酒店文化密切联系。当时国内对这类制服的理解还是空白,制服的发展更多是依靠着国外规模化模式的复制模式,缺乏自主设计研发力量。

21世纪制服的需求越来越多，国内制服公司如雨后春笋般出现，日益庞大的制服从业人员让制服业渐渐开始出现了一定的标准和相对规范性的操作模式。制服的设计经过了其市场化运作的演变，无论是从款式、样板、色彩，还是时尚感，都远远超过了90年代以前的制服设计。各行各业的制服越来越特色化、细分化。

比如1998年4月，中国邮政走上独立运营的道路之后，为了打造邮政品牌，树立良好的社会形象和国际形象，强化规范服务意识，国家邮政局于1999年又重新设计了邮政制服，并于2000年1月1日开始着装。新制服在原有的基础上，对领型、袋型和板型作了调整和精心设计，制帽进行了软化处理。外勤制服的肩章改为软肩章，营业员制服突出了经典和礼仪的特点。制服分为春秋装和夏装，为适应现代邮政生产经营的特点，营业人员增加了春秋过渡装，外勤人员增加了T恤和夏帽。制服颜色整齐一致，体现了时代特色和职业特点，更加具有亲和力。2008款邮政制服是中国邮政政企分开、中国邮政集团公司实行公司化运作后的首次换装，本轮服装在品种、款式以及面料等方面都和以往有较大的不同，尤其是外勤人员服装突出体现了时代特点和邮政企业特色。“传统又创新，庄重而时尚”，这是2008款邮政制服的主导设计思想，服装的款式设计严格遵循美观和实用密切结合的原则，挖掘职业服装服饰艺术的优秀元素，寻找现代职业服装服饰的潮流特征，在外观上有较大突破，总体设计和谐而新颖、庄重而不失时尚，服装的面料、工艺水平有较大提升，体现出“新邮政，新形象”的设计诉求，展现了邮政人在公司化运作后的崭新形象。

此外，人民警察制服继六次改革后，于2003年10月1日再次换穿新制服即九九式。基本颜色为藏蓝，与国际警察服装基本接轨。其细微处是臂章上几十年的“公安”二字变成了“警察”。衬衫按级别分为白色、灰色和蓝色。帽子也改为藏蓝色，警徽等服装饰物改为银白色。（图2-13）

图2-13 中国人民警察“九九式”制服的设计更加趋向国际化

随着社会经济的发展，企业之间的竞争为制服的发展开拓了更为广阔的空间。企业市场竞争激烈，树立独特良好的企业形象更加有助于企业的发展。不同的职业有着不同的工作环境，迎合不同环境的统一服装，给人强烈的视觉传播力度，即要求在各自工作环境中穿着有规定式样的服装。于是，制服的设计与制作渐渐成为体现企业文化特色的重点任务之一，中国制服“个性化”市场需求越来越大，国外的制服公司凭借自身优势开始纷纷强占这个有着巨大发展潜力的市场份额，制服概念的领域被不断的扩大着。

二、国外制服的发展

(一) 第一阶段

回顾世界服装发展史，现代制服的发展源于第一次工业革命。这之前，由于航海业的发达、新大陆的发现和对海外殖民热潮的进一步高涨，西班牙、葡萄牙、英国、荷兰等国家开始出现了航海服。

在政治上，1804 年拿破仑（Napoléon Bonaparte，1769 年 8 月 15 日—1821 年 5 月 5 日）加冕，建立了法兰西第一帝国，他雄心勃勃，征战各国，但由于工业革命的影响，英国积累了大量财富，其财政储备帮助欧洲各国政府打败了拿破仑。在当时，法军的军服也是英国制造的(图 2-14，图 2-15，图 2-16)。在经济上，第一次工业革命(1765 年至 1840 年)是资本主义工业化的早期历程，即资本主义生产完成了从工场手工业向机器大工业过渡的阶段。

图 2－14　比利时国王利奥波德二世（leopold Ⅱ，1835—1909）在位时间是 1865—1909

图 2－15　摩纳哥阿尔贝一世亲王（1848—1922）身穿军装的画像

图 2-16　俄国最后一个沙皇（执政期从 1894—1917 年）尼古拉二世（1868—1918 年）身穿俄国军大衣的画像

这不仅是一次技术革命，更是一次深刻的社会变革；是机器生产逐步取代手工劳动，大规模工厂化生产取代个体工场手工生产的一场生产与科技革命。当时工业化企业如雨后春笋般地出现，工人数量的增多带领起工装的繁盛流行。早期制服的主要功能是起劳动保护的作用（如矿工的制服等），因此，现代意义上的制服很大成分上是由早期的工装演变而来的。

此外，飞梭、水利纺纱、织布机的发明和使用，使纺织的效率增长近百倍。科学技术飞速进步，有机化学迅速发展，化学染料问世，大量生产的廉价衣料丰富了人们的选择。1850 年出现了多层布料裁刀，此外，缝纫机的出现对制服制造业更是具有划时代的意义，在缝纫机问世的同时，美国人巴塔利克在 1863 年开始出售纸样，这种用来裁衣的样版是服装量产概念的基本要素之一，也是后来形成规格化、标准化制服产业的基础和萌芽。1914 年美国的理斯机器公司发明了扣眼机。这些广泛的服装生产技术在一战后成为重要的生产手段。①

图 2-17　身穿制服的军官

（二）第二阶段

第一次世界大战爆发，在前线要求有整齐划一的军装，军队制服的设计和需求量非常大。当时所有欧洲军队的将军和士兵们的制服都是整齐正规的，从军人们的军帽和衣服的细节就可以轻易辨别出他们属于何种部队，来自什么地方。军官们配戴肩章和臂章，山形袖标也与今天极为相似。（图 2-17）

到第二次世界大战期间，英、美、加拿大等国家的妇女除了担任医务护理以外，还成为各部门的技术专家，军队中女性人员增多，美国甚至有 1 000 多名妇女成为空军运输机的驾驶员。② 这使得女性军人的制服设计成为战后各国军服设计的新内容。此外，因男性参军参战，生产第一线劳动力短缺，更多女性大批走上社会，在经济上因具有职业而独立的女性越来越多，职业女装顺势登上历史舞台。（图 2-18）20 世纪 20 年代，法国设计大师夏奈尔首

图 2-18　二战中，女护士的制服大方得体，完美的体现了“白衣天使”的风采，成为了战区后防的一道亮丽风景

① 王受之著. 世界时装史. 北京：中国青年出版社，2002.

② 资料来源：王宏维. 从”二战”看女性”打垒”式工作. 新浪网. http://news.sina.com.cn/c/2005-07-28/09016549499s.shtml

次运用针织面料设计出舒适而实用的两件套装，即对襟无领镶边短上衣搭配长至膝下的短裙，套装轻便简洁，松身合体，不仅令各年龄段的职业女性都能穿着，而且相对其他时装而言可谓永不过时。

第一次世界大战期间，还产生一门研究工业产品与人体关系的新学科，这就是“人体工程学”，它要求产品应有利于人的卫生、健康和舒适，服装的功能性问题越来越受到关注。1940 年英国人发明了涤纶纤维，1958 年美国杜邦公司发明了新型弹性纤维——氨纶，1959 年当该纤维用于纺织工业时，又曾引起一阵轰动。面料中含有 2% ~3% 的氨纶成分，令穿着者活动自如而又贴体合身，在一些特殊活动的定制演出服、表演服等需要紧身的制服中，其面料莱卡含量将达 14% ~40%，这些科技成果为今后制服面料的发展提供了有力的支撑。

（三）第三阶段

进入 20 世纪末期，国外各行业的制服在不断的改进中逐步完善，越来越多的制服公司在设计、制作和管理上都有了非常成熟的模式，在市场竞争激烈和市场细分、多元化的社会环境下，制服“个性化”发展是这次市场重组和变革中的必然。意大利、法国、美国等国家的知名制服品牌能够真正做到为客户“量身定做”，制服设计师具有通盘考察的能力，并研究客户职业着装的对象、场合、目的、职业性、心理、生理的需求，从而提出最佳的设计方案。看得出公司之间的竞争为制服的发展开拓了广阔的空间。

图 2-19　美国宇航员身穿宇航服

此外，在研发制服面料的功能科技化方面也有了更多更新的发展，各种功能和适合不同特殊工作环境的防护型制服应有尽有。比如美军的生化防护服，它能够提供给美国步兵在毒素攻击中更好的防护；有的国家还专门制作用于防治各种昆虫对人体侵害的防护服，在海湾战争中多国部队曾穿过一种具有杀虫功能的军服，它能有效防止各类靠吸血为生的昆虫对人体的袭扰，这种军服采用一种被称作“里贝根”的杀虫剂，以一定的比例配水稀释后进行浸泡处理，蚊虫落在上面时很快就会死去，而对人体无害；还有液体溅泼防护服、蒸气防护服、潜艇特装、宇航服等。在这些制服行业的领域里，科技功能性的高端研发成为重点。（图 2-19）

第三节　制服的现状

制服是兼具服饰文化与企业文化的特殊服装，不同的着装者对制服的要求也有所不同。这就使得其规格品种产生了分化，不同经济地位、不同文化背景、不同行业和单位、不同年龄层次的着装者需要不同的职业制服。因此，目前制服面临的现状是需要更新观念，注意研究客户的企业文化，兼顾各个层面着装者的需求。

一、国内制服现状

（一）规模性发展迅速

当今时代是一个需要文明和礼节的时代，企业给外界传达的第一印象往往决定了一个企业给人心目中最直观的影响。在我国，除了部队、公安、民航、铁路、银行等行业外，越来越多的星级酒店、大型百货商场、超市等企业单位都开始注重企业形象的塑造，制服所宣扬的“统一着装”这一理念在各行各业中都可以得到体现。

伴随着中国社会的发展，市场的对外开放，各种各样的金融企业进入中国市场。使中国制服市场的规模迅速发展。大多数员工在工作时统一着装，具有突出职业、整齐统一、美化工作环境的功能，它对外可以建立顾客的认同，而对内则可提高员工的忠诚度和团队精神。有这样一条被称为“黄金法则”的经营哲学：“照顾好你的顾客，照顾好你的员工，那么市场就会对你倍加照顾。”基于这样的原因，统一美观的制服便成为了改善工作环境的首选。从各个岗位的普及到每个岗位制服的完善，我国制服行业正大步规模性地发展着。

（二）科技性推动力量

制服公司在设计生产中开始紧紧依靠科技手段，即节省了人力、物力和时间，又使自身的研发产品能够脱颖而出，强占制服市场。这表现为三个方面：一是在制服的设计和生产方面，服装CAD（计算机辅助设计系统）打板推板排板技术、三维人体测量技术、电脑服装设计与配色、电子吊挂输送系统、电脑上袖机、开袋机、合缝机等等具有高科技含量的软件、设备的发明和使用，加快了制服设计生产的智能化和自动化过程，大大提高了生产效率和质量，也进一步降低了生产成本；二是随着全球进入电子商务时代，企业通过网站可以便利、快捷地得到各种业内信息，如流行信息、业务信息及销售信息等，企业可以在短时间内了解货源信息、销售渠道和同行的动态，还可以发布企业信息，在网上开辟新的销售渠道，从而获得更大的经济效益，提高企业的知名度和竞争实力；三是在制服面料的开发上，国内的制服企业开始与国外密切联系，开发目前国际上流行的一系列抗辐射、防静电等新型功能面料产品，调动更多的资源、提升面料的科技含量。

安全、卫生、无害、无污染、节约能源和资源的“环保纺织品”研究也已取得了长足的进展：科学家已利用转基因技术培育出了无污染、穿着舒适的再生纤维素新品LYOCELL（大豆纤维）、TENCEL（木浆纤维）；防皱整理正在向无甲醛过渡，许多整理剂都在向低毒化发展；防静电、防辐射、免烫、阻燃等高科技含量的面料也已经成功开发出来。所有这些都为企业制造环保型制服奠定了坚实的技术基础。比如我国总后军需研究所科技开发部，从纤维的研制到成衣和鞋类的开发，无不围绕着军需制服的特殊要求而进行，如防水、透湿、防风、保暖的PFE层压织物、耐高温阻燃织物、原液染色涤纶系列制品、新一代军服衬衣面料以及军港系列仿毛产品等均引起了商家的极大兴趣。

（三）结构性差距明显

从早期的工装，到后来的酒店制服，以及现在的学生制服、航空制服、医护制服、礼仪制服等等，中国现代制服的发展历史还是比较短的，虽然这几年发展比较快，但还是不够专业，常见的制服款式种类较少，审美性不强。另外，面料方面还有很大的提升空间，如果没有研发出合适的面料，就起不到特定的作用。如何充分地运用各方面的资源，成功的将设计整合成为极具品牌特色的制服产品，是目前国内制服设计师的一大挑战。

此外，国内对制服的概念已经慢慢突破最先狭隘的理解，在产、销、量等方面占据着服装行业不少的市场份额，但同国外成熟、完善的制服结构体系还是存在一定的差距，真正能做到为客户“度身定做”的制服企业风毛麟角。国内制服生产企业往往只重视生产工艺等环节，却忽略了最核心、最有竞争力的制服“设计”。一旦外资制服承接公司打入中国市场，将以其强大的品牌号召力，给中国本土制服业造成巨大的冲击和威胁。

同时，由于国内制服在市场上缺乏针对性的设计，导致其附加值低，价格远远低于意大利、法国、美国等以制服品牌个性化著称的国家。大多数制服企业在竞争中采取了价格战的无奈做法，一味地以低价格来换取订单，这无疑是一条越走越窄的死胡同。国内制服企业如果要稳步发展，就必须在提高产品的设计水平、产品的档次和品牌信誉度上练真功，调整产业结构性差距，将制服“个性化”创建和品牌管理作为我国制服产业的头等大事。

二、国外制服现状

（一）文化差异下的制服

目前，国外制服模式已经形成了各自的特色与风格，这是受不同的民族文化、历史背景、社会环境所影响的。文化上的差异是造成国外制服现状区别的主要因素之一。

一个国家的企业文化会被赋予上国家民族文化的深深烙印。比如德国人严谨求实的民族文化塑造出德国企业科学严谨的企业文化；日本人激进向上的民族文化塑造出日本企业发展创新的企业文化；中国人勤劳、朴实、同时极具韧性的民族文化塑造出中国企业非常讲究“中庸”的企业文化；同样美国维护人权，崇尚民主、自由的民族文化从而塑造出美国企业“人性化”的企业文化。由此，我们可以观察出国家行业制服的差异性，比如美国的制服特点是随意性大，这表现在美国文化个性中的自由特点，竖立在美国纽约市曼哈顿以西自由岛上的自由女神像，是美国民族文化的象征。她手持火炬，矗立在纽约港入口处，日夜守望着这座大都会，代表美国人民永远争取民主、向往自由的崇高理想。在美国，POLO SHIRT 搭配牛仔裤也是一些公司员工上班服装的选择。而经济上紧随美国的日本，在制服观点上与美国大相径庭。日本对制服的穿着非常讲究和推崇，各个企业、各个岗位都有自己的工作制服，这些制服用料不一、款式繁多，设计新颖、富有职业特点又不失时尚感，不愧为“制服王国”的称号。

（二）制服行业内的分化

1. 产品规模的扩张

产品规模是指产品的空间框架和产品的数量。在国外成熟的制服模式下，制服产品的规模也更加整齐，系列感更加明晰。第三次科技革命促使新产品发明与产品质量提高的例子数不胜数,实现产品创新与产品质量提高的研究与开发活动已经成为当前发达国家许多厂商的主营业务。[①] 国际上,制服已经接受了全新的定义,制服作为服装领域中的一个独立行业被完善,制服的产品规模在不断的扩张和发展,从套装、衬衫到与之配套的领带、领结、帽子、鞋子、手套、箱包等,制服的产品配套性越来越齐备,设计的出发点越来越人性化,同时这也为我国制服行业的发展提供了广泛的借鉴空间。

2. 销售规模的扩张

没有销售规模的扩张就不可能有生产规模的扩大。因此,美国、加拿大、新加坡、澳大利亚、日本这些国家的知名制服企业,将销售的触角延伸到世界各地,形成一张全球化的制服销售网络。此外,他们纷纷把目光投向制服生产潜能巨大的中国,有些还在上海、北京、广州、香港成立分公司,从而方便快捷地加强与国内客户之间的联系,获得更多的项目机会,抢占更多的市场份额,增加经济效益。比如2006年,在中国南方航空股份有限公司招标设计空乘服务员制服时,来自法国、日本、澳洲等著名服装设计单位参加投标设计,新制服设计方案是从来自法国、日本、澳大利亚、我国香港地区和国内的15家设计单位37份设计方案中挑选,最后定下了法国著名服装设计师史提浦·苏(STEPHANG. SOH)的设计方案。该制服在设计上充分体现了东方文化,整体采用了天青蓝色和玫粉红色,展现出具有国际竞争力的世界级航空公司的新风采。

(三)科技软件的开发

国外正逐步的针对制服产业的需要进行相关的软件开发,以达到降低劳动和运作成本的作用。比如挪威特隆赫姆的一家大型健康医疗中心 St. Olavs,拥有7 500多名员工,每年大约有五万名患者在这里接受治疗,为了给员工提供基本的工作支持,医院一直要存储着13多万件工作制服,包括手术服、罩衣和一次性服装,一个挪威纺织品管理方案供应商为该医疗中心设计和部署了基于RFID技术[②]的制服跟踪系统,提供了实时的制服库存的可视化。新系统是作为2005年的一个试点开始使用的,到2006年9月已全面部署。员工使用他们私人的RFID徽章打开衣橱,里面有他们在这一天工作需要的干净制服。RFID读写器链接在锁上,在读取员工身份ID后,就会打开柜锁,这时员工就可以使用衣橱。当员工拿走自己的制服后,关闭衣橱上锁,这样就会触发锁内的13.56兆赫的电子读卡器继续投入工作。然后询问器就会通过安置在每个架子上的天线去读取嵌在制服中的标签,了解衣橱的容量,及时更新库存。[③]

第四节　制服的展望

纵观制服漫长的发展历程,制服应从根本上改变仅仅停留在款式设计、工艺革新的层面上,

---

① 曾卫锋. 国际产品内贸易的理论与经验研究. 北京:经济科学出版社,2008.

② 射频识别技术(Radio Frequency Identification,缩写RFID),20世纪90年代开始兴起的一种自动识别技术,是一项利用射频信号通过空间耦合(交变磁场或电磁场)实现无接触信息传递并通过所传递的信息达到识别目的的技术。

③ 资料来源:http://www.00315.com/News/ShowInfo.aspx? ID=7023&cType=0

而是将环保功能、科技含量、产业升级作为制服未来开发的创新点,以满足不同行业消费者的不同需求。

一、未来行业与制服的关系

制服发展到了今天,已经成为服装产业中的重要分支,越来越受到社会各行各业的重视,它的穿着和使用也越来越广泛。这是社会竞争和人们生活审美意识的提高,是企业自我宣扬的一种表示,代表一种无声的语言。

无论是男性员工还是女性员工对于制服融入了对时装的渴望。对于未来而言,假如制服能将时装的个性与制服的固有性质相互融合、相互磨合,并且越加紧密。那么未来制服的需求将会涵盖各行各业,制服的目标用户群将会越来越庞大,制服行业的前景辽阔而美好,它期待着与各行业的聚集和完善,期待着制服设计人才的辈出,期待着更多服装设计界的精英们为它的辉煌创造更加全面的革新,成就一个制服历史的新纪元。总之,各行业的发展带动了对制服的需求,制服的完善也让各行业向规范化去发展。

二、未来制服的产品表现

(一) 产业的稳定和成熟

从长远来看,未来将是制服行业进程的重要时期。在完成一系列产业升级的工作后,制服产业将会发挥出巨大的社会效益和经济效益。为此,制服企业在未来的发展规划中,应特别突出科学发展观的指导和以创新为中心环节的产业升级目标,不断地使制服产业向着稳定与成熟的方向发展。

从目前制服行业的总体运行态势上来看,转变发展方式、实现产业升级是必然的趋势。随着时代的前进和服装行业的不断完善,制服行业将会一步一步地朝稳定成熟的方向发展。但目前中国制服行业研发投入严重不足,相比之下,发达国家的研发投入则更有力度。由此可见,在以后的一段时期内,中国制服行业实现发展方式转变、产业升级的稳定和成熟还任重而道远。即便如此,我们依然能怀着乐观积极的态度来面对制服行业的发展与崛起。

(二) 产品的细分和多样

随着社会的进步和企业的发展,人们对于制服的理解已经不仅仅是一件工作服,更是一种职业素养的体现。制服的未来市场将会越做越大,产品的细分将越来越细,制服产品的多样化和细分化更适合企业开发的需求,从而使制服公司抓住更多的市场机会,赢得市场主动权。伴随着新一轮市场重新"洗牌",制服产品细分不仅仅局限于品种、档次、区域的进一步细分,更表现在以产品风格和消费群细分为特点的深度细分,主要体现为制服产品在市场中的横向细分,即同一品种或相同档次产品层中通过"产品风格"和"消费群"进行的横向再细分。市场被拉平,占据各个市场位置的产品个数将被摊薄。可以看出,新一轮细分的竞争焦点是文化、创新和研发,最终的目标是销售收入和市场份额。缺乏科技投入和市场研发的盲从行为,在这个市场机遇和挑战面前都将十分危险。

在竞争日益激烈的情况下,通过制服产品的细分,有利于发现目标消费群的需求特性,从而调整产品结构,增加产品特色,提高企业的市场竞争能力,有效地与竞争对手相抗衡。但是企业对市场的占有不是轻易就能拓展开来的,必须从小到大,逐步拓展。通过产品的多样和细分,企业可先选择最适合自己的某些子市场作为目标市场，当占领这些子市场后再逐渐向外推进、拓展，从而扩大制服市场的占有率。

本章小结

本章节由浅及深地探讨了制服的诞生、发展、现状、市场和未来，制服的发展经历了一段漫长的阶段，在款式、面料、功能和细节等方面都经历了多次的变迁，但其"核心"的内涵仍被完整地保留并延续下来，在人们的生产生活中占据着举足轻重的地位。这些是制服设计的基本研究内容，有助于我们更加清晰地认识制服存在和发展的现象。也有助于我们看清制服的现状，更好的规划制服的未来，也是进入后续章节的基础知识。

思考与练习

1. 分析制服诞生的主要因素是什么？
2. 如何看待我国制服的未来发展方向？
3. 对比现阶段国内外的制服发展现状，谈谈你的感想。

第三章 制服设计概述

法国航空公司高层卡罗尔·佩塔维曾经说:“在时装界,你设计的衣服必须有实力在6个月,最多一年不落伍,但为航空公司设计的服装,必须保证在未来10年都不落伍,所以,从这个角度说,这是一种完全不同的服装设计。”①以此可以看出制服设计作为服装设计的一个分支,是区分制服与常规服装的实现手段,有其特殊性。制服设计需要体现与职业性质协调一致的美学标准,要求对各种职业的工作性质和特点、人体上下肢活动幅度、人体保护的要求进行调查研究,分析穿着者心理状况、工作环境,选择最佳的数据进行设计。从根本上说,制服设计师应该通过美观性达到预期的美学效应的目的,设计出符合人体规律和穿着环境的制服,从而使穿着者热爱本职工作,产生职业的自豪感,便于服务对象对从业者产生信任感,并从中获得舒适的心理感受。

① 资料来源:http://www.efu.com.cn/data/2006/2006-01-25/135952.shtml

第一节　制服设计的定义

“设计”(design)在《新华辞典》中被解释为“在做某项工作之前预先制定方案、图样等”。那么制服作为服装实物被人们使用和穿着之前,同样首先要进入的是制服设计方案阶段。制服设计有其特殊性,区别于其他类别的服装设计,只有很好的掌握这些基本要素,才能做出更好的制服设计方案。

一、制服设计

制服设计是针对制服而展开的设计性体系塑造。它既是现象,也是行为,更是社会事物。这个设计性体系塑造指的不单单是每一件制服本身,还包括涉及到制服所能影响的范围——即对企业整体形象的影响,对员工情绪的影响,甚至于对于整个制服行业趋势的影响。制服设计这个关键词成为继女装设计、男装设计、童装设计、内衣设计后的另外一项服装设计类别,已经越来越多地进入企业视线,那么何谓成功的制服设计?这个问题频频的出现在行业之间。纵观国际上成功的企业,无一不有着自己标志性的制服设计,整体的形象包装在行业之间的影响是巨大的。由此可见,制服设计本身是依托着发展飞速的制服市场而产生的,它受市场行业间的竞争影响是十分严重的。

二、制服设计的要素

(一) 制作成本

制作成本是制服在创作和生产过程中所有运用到资金的一个预估。这个预估包含了设计制服过程中以及后期制作制服中的所有费用,包括了面料、辅料、配件、加工、人力、服务等各方面的总和。

成本问题是服装设计和制作过程中必须考虑到的因素。有时时装的成本可以根据设计师天马行空的想法以及该品牌的市场定位而定,时装的批量性较小,所以这就导致它的自由活动性较强,成本受限制的程度较小。相比较而言,由于制服的一些特殊性,使得设计师必须用长远的眼光来对待初期的制作成本要求。对于制服设计而言,制作成本的规划控制是非常重要的。比如某制服设计公司在为一所中专学生设计礼仪制服时,开始设计师专门设计了一款具有民族特色的盘扣来突出此中专学校的民族特色。但由于制服的制作数量不大,这样的盘扣需要在工厂进行小批量高价的生产,它的单价比一般的纽扣要高出许多。如果每位学生一套制服的预算在100元左右,那么这种盘扣的设计就势必会大大增加制服的成本,缩减制服的利润。为了将预算锁定在一定的范围之内,该制服公司改为采用了带有中式元素的服装款式,在领子和门襟处做了变形的设计,既配合了学校想突出的特色风格,又节省下了一笔制作成本。从这个例子中我们不难发现,制服设计其实是一个和成本无法脱离的过程,制服的制作成本可能受到方方面面的约束和制约。许多初步的设计构想并不一定都能付诸于最后的制作,制服设计师在他的设计过程中,经常会遇到自己的想法和成本出现一些出入,在这个时候,设计师往往要对自己的想法进行一些协调或是妥协。在制作成本预估的初期必须考虑全面,从实际的角度出发,考虑成本中可以节省、可以放宽的每个部分。重视制服的经济实用性,在制服设计中将设计和成本巧妙地融合在一起。

(二) 设计创新点

创新是以新思维、新发明和新描述为特征的一种概念化过程,它原意有三层含义:第一,更新;第二,创造新的东西;第三,改变。那么如何理解制服设计中的创新点呢? 其实在制服设计的范畴里,没有什么元素是全新的,只是看设计师如何去改变和搭配,让制服整体表现出一种既区别于传统制服设计又不失制服特性魅力的新颖之处。设计创新点在制服设计中亦可以理解成为设计的卖点和独特之处,这个独特之处在不同的制服案例中会有着不同的变化和侧重。

现在的制服已不仅仅是劳动保护服,在企业文化广泛进入社会生活的今天,制服代表的是一个企业的风貌和品位,它直接向人们展示着企业品位的高低,每个企业都希望自己的制服与其他企业不同,带有一定的个性化特征。创新就如同企业的标志一样,是企业在商品化竞争中树立自身品牌,突出自身形象的重要途径。制服设计对创新点的要求非常谨慎和严格,既不能过分夸张,也不能过于平淡。过分夸张的制服设计会让整体的制服失去职业感;而过分平淡的制服设计又会让整体的制服失去特色,不能满足客户企业的求新要求。有时细节之处的小小改造便可能成为一个成功的创新点,为整体效果带来最好的气氛塑造。比如一家酒店的制服设计项目,酒店带有苏州园林特色,室内装修很有中国传统特色,特别是“回纹”的造型元素多次出现,设计制服时我们也可以抓住这个点,把“回纹”的造型简化处理后作为细节元素应用在制服设计中,可以在袖口、门襟或领口刺绣该图案,形成与酒店风格统一的制服系列。

(三) 系列感

系列是相关联的成组成套的事物。系列感来源于人的视觉感受以及心理感受,视觉上的冲击力往往是人类心理的第一感官,对制服系列感的要求其实是对制服设计的深入要求,大多数刚刚接触制服行业的设计师会简单地将制服的系列感理解成为视觉上的整齐程度。其实,倘若多套以上的制服,从制服造型风格、外形轮廓、色彩组合、面料搭配、配饰搭配等能形成某种一致性的话,才可以让制服整体表现出系列感的效果。

系列感的设计手法是从一个母型设计衍生出众多的相关子型设计。因此,应先确定一个基本母型的设计主题,在主题统一的前提下,寻找出制服的可变因素(如面料、色彩、配饰等),进行多个子型设计。注重内在感受是制服系列感的深入要求,它通过制服的触感(面料上的创新)、色彩感觉(深入理解色彩对人的影响)、版型设计(不同版型带来的舒适度)等这些更为贴身的设计来传播系列感。各部件之间、色彩之间、材料之间不能随意拼凑,一定要从整体上考虑。如果格调不一致,系列感就会消失,显得杂乱无章,不具备整体特定的美感。在设计上要遵循、沿袭国际惯例,也可适当汲取民族服装的特色,展现民族风格,还要结合当前流行趋势,在造型、色彩、面料上不断更新。这就要求制服设计师全面思考,在设计款式的最后阶段一定要整合款式、并加入配饰设计形成完整的设计理念,用宏观思维来完成系列感的制服设计。比如2006年南方航空公司空乘人员第四次换装,制服设计充分体现了“东方文化、国际接轨、南航特色”的品牌战略,理念方面注重结合公司服务品牌;颜色上与南航VI形象巧妙结合,整体采用了天青蓝色和玫粉红色(乘务长为蓝色,乘务员为红色);配套方面突出整体设计,包含夏装、春秋装、冬季大衣和围裙多个款式,品种包括西装、衬衣、马甲、裤子、大衣、风衣等。考虑到旅客的视觉享受,这套服装的制作采用的都是来自日本和意大利的进口面料,新制服从箱包、皮鞋到丝袜形成一个完整的制服体系,展现出具有国际竞争力的世界级航空公司的新风采。(图3-1)

图 3-1　南方航空公司 2006 年新换装的制服，每套制服造价 6 000 元，在国内制服中创下新高

三、制服设计的原则

（一）个体与整体的统一

服饰的产生是满足人类出于保护身体和维持生活的需要而出现的。在社会的发展历程中，服饰逐渐被赋予了文化色彩，成为人们表达情感、美化生活的一种途径。从这个层面上说，制服理应注重共性美；此外，设计师还应根据职业特点和企业要求把握美的走向，发挥制服的个性魅力，进而达成个体与整体的和谐统一。

个性美从根本上说从属于创新门类，是设计师在设计的过程中打破传统规律的独特设计手法。制服的个性美要求非常严格，可以运用不同的搭配技巧，或者是非规律性的设计手法进行突破、创新，但始终要牢记制服在工作环境中的从属地位。但是无论是协调呼应还是对比突破，制服设计的个性创新要配合整体风格，符合社会、企业的需要。制服与时装不同，它受到穿着环境与工作性质的制约，在款式、色彩和面料上都有诸多的限制，有相对的稳定性，不像时装那样流行短暂而多变。因此，制服的个性美应突出在细节上，可将流行时装的特点点缀到制服的局部设计中，让制服充满时代气息。制服除了拥有个性美，表现着装者的个性与气质外，制服的艺术性还在于传达出行业、企业的形象，也就是如何将个性美融入到整体的美感之中，使一个团队在不失整体一致的前提下可以形成制服的分支和系列。比如我国 60 周年国庆阅兵，代表国家形象的海陆空三军仪仗队就穿着 07 式新军服出现在阅兵式上，此外，女民兵的蓝色连衣裙、白色军靴、特种兵队列的数字迷彩服等，透露了典礼上最为直观的典礼细节，每一位士兵都体现着我国士兵形象的个性美。而由这些士兵组成的陆军学员方队、水兵方队、空降兵方队、二炮学员方队、三军女兵方队、武警方队、预备役方队、女民兵方队等 14 个徒步方队、30 个装备方队，迈着整齐的步伐，英姿飒爽地出现在阅兵式上时，我军制服的整体美又得到了完美的体现。（图 3-2）

图 3-2　2009 年我国 60 周年国庆阅兵向世人展示了国威和军威，向全社会奉献了一场精彩的阅兵盛典

可见，优秀的制服设计要具备高度协调统一的微观思维和宏观思维。制服设计的对象是人，它要通过服装美化个体，表现出其风采与气质，并能准确地预测到若干个体穿着制服叠加、融合之后的整体效果。总的来说，只有个体美，没有整体美的制服是零乱的；而只有整体美，没有个体美的制服则未免浅薄，二者兼具的制服设计理念才是各大企业想要的成功方案。

（二）风格与形象的统一

风格与形象两个词在制服设计原则里所指的对象不同。风格一词针对的是制服公司为企业设计的制服，而形象一词针对的是企业。现在是市场经济的社会，各企业之间存在着激烈的市场竞争，为了能在市场上占有一席之地，企业不仅仅要在产品上追求品质和创新，同时也越来越注重塑造企业形象，即 CIS（Corporate Identity System）意为企业形象识别系统。而视觉识别系统（Visual Indentity）是 CIS 三个组成部分中最外在、最直观、最具有传播力和感染力的部分，也是具体化、视觉化的传达形式。企业的形象其实就是企业的内在风格，不同之处在于，形象是给人的整体感受，它更突出整体而忽略个性。

制服设计的风格应与企业自身的形象统一，那么如何做到二者的统一？首先，设计师应准确的把握客户的企业文化形象和业务特征，了解企业所属行业的大背景、企业自身发展的方向和员工的工作性质，使制服设计的内在风格紧贴企业形象；其次，设计师应对员工着装后工作的环境做实地考察和调研，观察工作环境的装修风格、装饰材质和主色调、辅色调等，为制服设计提供所需的背景资料，使制服设计的外在风格与企业形象能和谐的融为一体（图 3-3）。要做到成功融合便必须要理解该企业内部结构和不同部门的工作性质，全面理解企业从上到下的组织结构和不同部门的职权范围和工作性质，以便考虑款式设计、面料选择和色彩选用，根据要求进行整体策划，保持与其他设计作业的一贯性，强调企业自身特色，融合整体美感，才能将风格与形象融为一体。进而使制服的设计符合企业服务对象期望的需求和爱好，从而帮助企业完善良好的企业形象。

图 3-3　2010 年上海世博会，日本展馆的主题是“心之和、技之和”。展馆的建筑与工作人员的制服从风格和色彩上都做到了呼应，细节上还充满了俏皮，带给人轻松、自然的氛围

（三）美观与实用的统一

美观是人的视觉感受，指外形好看，漂亮。这种视觉感受往往在一定程度上会左右心理感受，甚至对心理感受有一个潜在的指导性，实用是人的心理感受，指在应用过程中的实际价值。制服设计的美观性与实用性的统一实际上就是视觉感受与心理感受的统一。

制服的美观性可以通过款式、色彩、面料、细节上的创新和整体上的系列搭配来塑造。美观是一种直观的感受，所有人同时感觉美的事物往往就是一种美观的定义。而实用性是制服在实际场合上运用方面的可穿性，实用的制服应适合其所处的工作环境，方便可操作性。优秀的制服设计应以设计师广博的见闻和丰富的生活体验为基础。为企业进行制服设计时，必须熟知设计对象的行业特征、作业要求、环境特征、工作体会等等，不能单纯考虑美观，而忽略可能对穿着者的工作带来不便、不舒适，甚至造成安全隐患。例如一个很少整理家务的设计师，将无法体会到客房服务员在工作时经常弯腰、下蹲、大幅度活动双臂时的身体感受，从而在设计此类制服时也往往会忽略了增加关节部位的宽松度，造成了制服“中看不中用”的后果。再比如2010年上海世博会中，挪威发布的挪威馆工作人员及管理人员制服酷似登山服，制服采用了不规则的线条和接缝，并运用了松紧带抽缝来创造饱满的感觉，折线式的剪裁使服装有良好的调整性。设计师表示这组设计结合了挪威的自然生态与绵延的山脉，服装上这些曲折的线条正来自于地图描绘的山脉。制服结合了北欧自然明亮的色彩和两种相近的深红色，而之所以用红色，因为在中国，红色代表了幸运和正气，而且红色也可让挪威馆的工作人员易于辨识。除此之外，面料上运用了高科技的吸热布料——“酷热美”是挪威馆制服的一大亮点，看起来并不是很轻薄的面料实际穿上却会非常透气舒适，还可应对上海黄梅天气的高温与湿气，体现了制服设计美观与实用的统一。（图3-4）

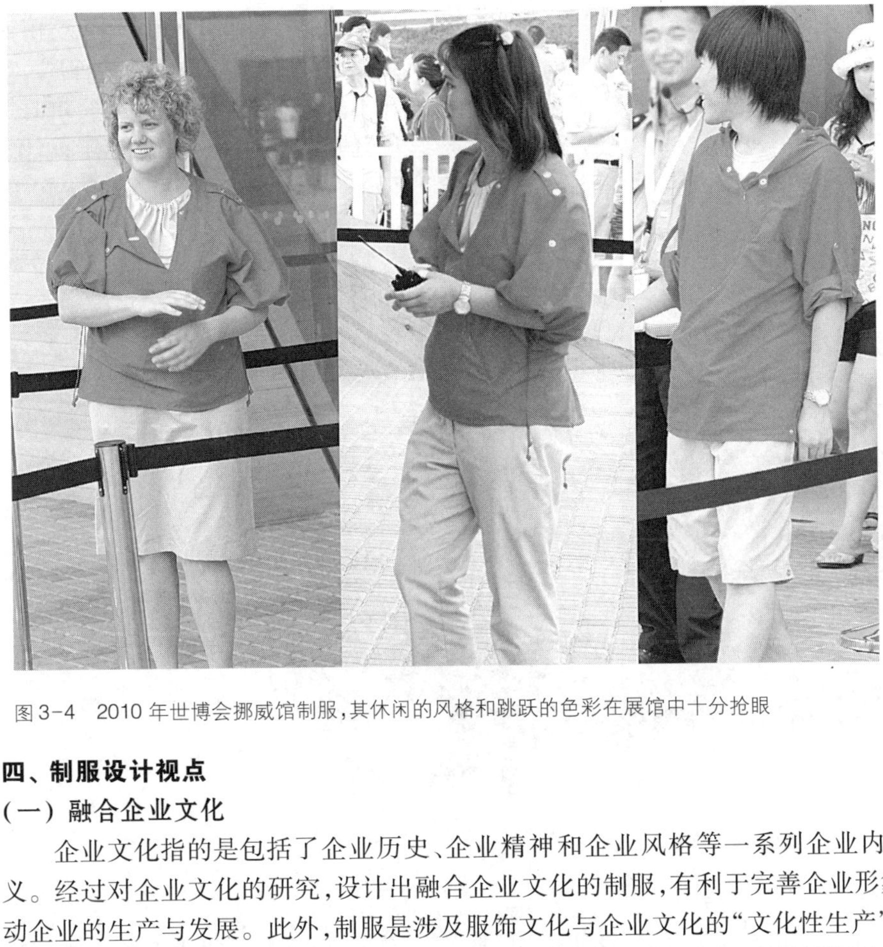

图3-4　2010年世博会挪威馆制服，其休闲的风格和跳跃的色彩在展馆中十分抢眼

四、制服设计视点

（一）融合企业文化

企业文化指的是包括了企业历史、企业精神和企业风格等一系列企业内在精神的全部定义。经过对企业文化的研究，设计出融合企业文化的制服，有利于完善企业形象，可以更好地推动企业的生产与发展。此外，制服是涉及服饰文化与企业文化的“文化性生产”，由于行业不同、需求不同、功能不同，制服的设计、生产、经营和消费的方式有别于其他服装的识别度，这就决定了制服设计区别于其他服装类别设计的艺术性和高附加值性。

随着社会的进步，在基本需求逐步得到满足的情况下，企业有了更高层次的渴望——自我实现的渴望。而企业的生存和发展离不开社会的理解、支持和合作,企业的根本利益和社会的整体利益是一致的。在一些跨国公司的制服设计中,了解该制服设计项目的企业特点尤为重要,在不同历史、文化环境下的国际企业都力求做到本土化,而制服的本土化与企业的形象本身就是一个很难调和的矛盾。制服设计者要把眼光放得更远些,探讨企业国际化后的制服设计定位。如何通过制服设计满足企业的这一渴望是现在市场对制服设计师提出的要求,制服设计师需要超越以往的设计思维,为制服设计拓展出更广阔的空间。目前,中国的制服行业主张用一种“深入简出”的态度对待制服设计。“深入”了解企业的文化内涵,对企业文化有一个明确的全方位了解,然后在这个基础上进行细节提炼设计,将“简出”的制服融合进企业文化之中,再对企业文化进行全方位的整合,用一种目标性明确的态度对待制服的设计。比如上海浦东公交所属的3万余名司机和售票员为迎2010年世博会换上全新系列的制服,该制服设计紧密地结合了上海浦东公交公司的企业文化和世博会的主题,制服设计以企业标志和文化为视点进行了诠释,全新系列的制服包括藏青色毛涤西装、浅蓝色条纹涤棉衬衫、藏青色针织背心、黑色防雨面料棉衣、宝蓝色条纹领带和领结。蓝色让人联想到大海的颜色,也象征着浦东所处的地理位置。大海散发出一种豁达、沉稳的气息,而整体制服的搭配沉稳却不呆板,新颖却不突兀,突出时代特色,也预示了世博后浦东公交公司广阔的发展前景。与以前的制服相比较,新的制服设计细节感和系列感更完整,与企业文化融合的更为紧密。(图3-5)

图3-5 2010年初,上海浦东公交员工换上了世博新制服

(二)优化员工形象

员工形象指企业员工的技术素质、文化水平、职业道德、精神风貌和仪表装束给社会的整体印象。员工形象可以立体的塑造企业形象,每个流动的个体都是企业中一个动态宣传的活广告。

制服美感其实是同服务质量一起构成了行业的整体艺术形象。优雅的工作场所、时尚得体的制服加上标准规范的亲切服务，是服务行业完美统一的艺术形象，这种完美的效果对提高行业的知名度、促进销售和增强企业的凝聚力都不可或缺。因此，制服设计艺术性对于员工个人与行业形象都是同等重要的。对于客户企业而言，统一的制服不仅是一项消费更是一种投资，统一制服能凝集团队精神，激发员工的创造性，增强客户的认知度，更能提高工作的效率。所以制服设计对于企业而言就是对其形象上美观的统一。用制服来优化员工的形象是一种个性与共性的共存，一个企业有企业的形象，企业的形象是大的共性，在大的共性下如何突出员工的形象，其实就是对个性的要求。有些传统的制服过于呆板、沉闷，员工穿着后无法显出行业和职业特色，更无法表达企业自身的文化。因此，现今的制服设计需要在原有制服设计的基础上，针对特定的受众群体进行个性化的包装。全体员工穿着统一规范、突显企业文化特色的优秀制服工作，不仅仅可以使员工产生一种同行业的优越感，工作中更可以促使员工在不知不觉中遵循行业道德规范，在岗位上更具责任心，使客户、消费者从视觉形象上对企业风貌和产品品质产生认同感。从这个角度说，在一定程度上增强了企业的凝聚力。市场竞争下，企业文化的竞争表现得日益突出，优化员工形象，塑造良好的企业形象，已经成了企业走向成功的必然选择。

五、制服设计的研究方法

对制服设计的研究，可以参考诸如女装设计、男装设计等相近类别科目的研究方法。

（一）比较研究法

比较研究是指对两种或两种以上同类的事物进行对照和辨别，确定之间相同点和不同点的思维方法。比照的对象是指性质、形状、功能、价格、用途等方面非常相近的事物，比较研究法是客观全面地认识事物的一条重要途径。

（二）实证研究法

实证研究是指通过对具体的例证进行实验、对比、推理和分析等研究方法得到实际的证明和确凿的认证。实证研究表现出严谨的学术态度，其结果是符合自然界存在的客观规律，也是理论推断的依据。

（三）亲身经历法

亲身经历是指研究者通过亲自使用等手段，总结、归纳其体验和感受，得出合乎客观实际结论的研究方法，其特点是真实可靠，获得的是最直接的一手材料。

（四）交叉研究法

交叉研究是指采用其他学科的知识研究本学科的问题，从而产生新的学科增长点的研究方法。交叉研究促进了新理论、新发现和新技术的出现，体现了科学向综合性发展的趋势。

第二节　制服设计的市场

随着现代经济的快速发展，企事业单位对自身文化建设越来越重视，对员工的着装要求更加注重整体和谐，鲜明统一，以高品味设计的制服展现本单位独特的精神风貌。因此，制服设计的市场需求量很大且竞争越来越激烈。但我国大部分制服设计尚未完全从传统的工作服概念中脱胎出来，产品品种单调，款式老化，色彩呆板，远远满足不了企事业单位展示独特风格方面的需求。

一、市场需求量大

随着人们着装观念的改变和众多职业男性、职业女性消费群体的扩大，一个庞大的制服市场显现在人们面前。社会对制服的需求孕育着制服设计行业兴起的原动力，呼唤着制服设计企业和工作室在适应市场需求中寻找新的经济增长点。可以说制服设计是一个潜在着广阔空间的市场，是一个有充分挖掘潜能的市场。纵观世界各行各业的发展，制服已经越来越多地进入人们的职场生活，制服设计的市场也有了明显的需求增长。制服市场的前景是美好的，特别在国内，需求量正不断地增大。中国是一个极具潜力的新市场，更是一个尚未充分开发的大市场。由于现在欧美市场的相对饱和，中国市场自然也成了必争之地，必将引来需求量的一个又一个高峰期。我国的制服企业也抓住了国家扩大内需的机遇，深度开发职业装市场。2009 年制服企业在制造业、加工业、建筑业、环卫绿化业、餐饮娱乐旅游业、物流运输业等领域积极参与招投标和量身定做，95% 以上的企业定单充足，生产形势乐观。①

二、市场竞争激烈

市场需求量大的行业自然会面临竞争激烈的情况，相对女装设计、男装设计的市场来说，制服设计的市场应该说是一个新兴的、充满潜力与发展的市场，但专门针对制服设计且有经验的设计师相对较少。制服设计市场竞争激烈源于对制服设计特殊的要求，设计企业和工作室在面对竞争激烈的制服设计市场时，总是将注意力放在这个新兴的市场蕴藏着巨大的发展空间潜力上，却往往忽略了制服设计的基本要求。

2008 年北京奥运会和 2010 年上海世博会的举办，促使中国各个行业对制服的需求增大。因此，无论是考虑长远还是着眼于现在，制服市场这块蛋糕总是要有人来分羹的，相信国内外各制服公司和设计工作室对此是决不会拱手相让的。在这个情况下，实力才是提升竞争力的关键所在，竞争伴随着发展，制服设计本身的发展是在不断前进的，随着这种前进，形形色色的制服设计开始融入我们的生活。如何在竞争中突显出自身的实力呢？对于制服公司而言，要想在竞争中求生存，提供单纯功能的产品已远不能满足客户的需要，客户或多或少地会在制服后期的运作中遇到一些难以解决问题，比如补货、送货，这些不仅仅要求制服制作企业在自身的设计上加强，同时也需要专业的后续式服务，为企业提供其所需的补货、送货等相关后续服务。随着国际化进程的加快和制服市场的发展，无论品牌消费还是品牌经营都要经历一个由形式到内涵、

① 资料来源：2010 年第七届中国职业装企业家峰会论坛

由表及里的过程。因此制服公司和工作室由加工和产品经营转向品牌经营阶段,尽快走完形式模仿与外在渲染、人才更新与内在充实、自主创新与独立形象的品牌提升阶段才是关键。

三、产品良莠不齐

产品良莠不齐是制服设计市场发展过程中必然存在的一个现象,主要是由设计水平、制作工艺等因素造成的。①设计水平因素,由于服装产品十分直观,国内制服抄袭严重,加之国内企业缺乏拥有强大设计能力的制服品牌,模仿抄袭的打版师就成了一些公司的主要构成,一些企业甚至有专人专门到香港和日本等地购买一些制服样品,拿回来“驳样”进行批量生产。由盗版引起的恶性竞争使得国内一些刚刚起步的职业装品牌发展受阻。纠其原因是中国服装业的发展正处于现代服装与后现代服装之间,西方服饰文化对中国冲击较大,中国职业服装由国内竞争扩大到国际竞争,竞争的激烈使职业服装产品使用周期也在慢慢缩短,素质不高的设计人员没有更多时间考虑,就开始模仿照搬。②制作工艺因素,从目前我国职业装企业的发展状况看,工艺水平参差不齐已十分明显。为数不多的上规模的制服企业已经做到了与国际接轨,而一些企业还在做简单的缝纫加工,影响了成衣穿着的效果和质量,发展很不平衡。这就要求我们制服行业尽快摆脱目前小本经营、规模小、后期服务质量差的特点,吸取国外优秀制服企业的优势,将制服产品提升到国际水平。

第三节　国内制服设计行业

我国制服设计行业虽然已经有了很大的发展,校企的合作、文化的宣传带动了国内制服设计行业的进步,但由于传统意识上对制服缺少足够的认识,导致职业服装产业链中出现各项资源配置的不合理以及发展的不平衡,因此尚未达到消费市场对制服设计各方面的需求。

一、行业的现状

(一)校企合作

为了将制服行业设计的生产理念提升和深化,制服企业与专业院校加强合作,促进了产学研的结合,使制服的设计生产从简单粗放,逐渐向理性和时尚发展。国内的服装教育也开始打开制服设计产业的缺口,越来越注重培养制服设计的专业人才以满足快速增长的制服设计需求市场。很多大专院校加强和重视职业装专业的开发和研究,设立了专业研究机构,不少职业装企业也相继成立了职业装研发组织,职业装时尚化迈出了可喜的步伐。2008 年 10 月 21 日,国内首家职业服专业研究基地落户东华大学服装学院,它将联合上海国际服装服饰中心、上海服装研究所、浙江乔治白服饰股份有限公司,重点围绕职业服文化与理论研究、职业服流行趋势研究、各行业职业服分类研究、职业服标准研究、职业服专业人才培养、职业服学术交流等关键领域开展深入而系统的研究,为行业企业提供信息咨询与指导,同时进一步深化具有自主知识产权的舒适功效性制服与功能防护类制服的研发,着力提升我国职业服装研究理论水平,从而推动具有中国文化特色的职业服装市场，加速我国职业服装品牌化进程，满足制服市场日益增长的需求。在2009年底，东华大学-莱佛士国际设计专修学院与上海外滩英迪格酒店联合宣布双方正式达成校企合作关系。双方首先将合作发起"制服设计奖学金比赛"，由莱佛士学院时装设计系30名学生为英迪格酒店设计工作制服。这30名学生每人提交了5个不同工种工作人员的制服设计，评委们最终在修改后的设计稿中挑选出5名优秀选手，他们的作品将被制成成衣，于1月14日进行时装秀展示，选出最终获胜者，获得由酒店提供的奖学金，获奖作品将被采用制成员工工作服。①

（二）文化宣传

随着制服行业的社会影响力进一步扩大，制服文化得到了进一步普及，这对在全社会创造职业装创意产业文化氛围发挥了重要作用。中国职业装博览馆的建成和中国旅游产业节、旅游职业装设计大赛的成功举办，都在职业装层面上起到了重要作用；对外交流也进一步深化，2009年10月，中国职业装企业家代表团第四次访问日本，对如何应对金融危机下的中日两国职业装市场，进行了有益的探讨，并就2010年两国职业装知名品牌的交流与合作达成了初步意向；此外，职业装产业也得到各地政府重视，一批职业装产业集群聚集地正在孕育和产生，一些省市确立了发展功能性职业服装等的产业振兴目标，以职业装龙头企业带动地区职业装产业作为地区经济发展战略，实施新一轮的产业振兴规划，为中国职业装的腾飞创造了良好的外部条件。

（三）存在问题

制服产业经过十多年的高速发展，总量、规模上有了很大提高，但是，从整体发展看，产业结构从量的扩张向质的提升还需要做很多的工作，还没有进入资本与技术相融合的产业提升和转变发展方式的阶段。特别是由于企业的发展参差不齐，多数企业起点低、规模小、比较分散，企业素质偏低、生产成本较高、资源相对不足，外延型、粗放型的经济增长方式没能根本扭转。由于这些小、散、杂的发展特点没有根本改变，现有产业政策的引导作用、重点职业装领域的聚焦度还不高，资金压力、技术改造、科技创新等获得公共服务平台的有效支持也比较困难。因此，制服行业面临的发展任务还是十分艰巨的。为此，着力解决发展方向选择、技术路线确定、创新资源获取、创新型能力培育等一系列问题，从而加快转型速度是制服企业需要探讨和研究的主要问题。

二、行业的发展

（一）发展目标

进入2010年，职业装产业协会提出了未来十年是中国职业装产业的发展壮大成熟期，并且根据中国职业装目前的发展走向，规划了未来十年中国职业装产业的发展目标：①建立规范的职业装市场秩序和较为完善的经营销售体系；②建设适合中国国情、符合中国产业目标群的职业装服务体系；③建设一批具有国际水准的现代化职业装生产企业，形成具有中国特色的职业装生产体系；④走向国际，打造中国职业装的名牌产品，形成以名牌产品为骨干的龙头产品，形成上下游衔接、左右相连的产业链合作体系；⑤培养职业装集群，在全国形成网状的生产集群体

① 资料来源：http://www.huaue.com/news/20091223154833.htm

系,在又好又快的环保型框架中,建设有中国特色的职业装朝阳产业。①

(二) 发展策略

为加快制服产业经济增长方式转变,实现产业发展目标,应从几个方面着手:①加快产业结构调整,加速行业内部资源整合,推进社会化分工协作。鼓励企业兼并重组,通过兼并或相互参股等形式,扩大企业规模,形成利益共同体,通过明确差异化产品研发方向,避免过度的市场竞争。同时,按照产品细分原则,形成制服、工装、特种防护服和职业时装四大生产体系,为政府采购、集团购买以及市场零售创造灵活的供需机制;②加快制服企业的自主创新,形成以面料研发、高科技服装功能研发为主要发展方向的企业自主创新机制。要充分发挥研究院、研究所的职能作用,加强与大专院校的合作,加强面料企业与服装生产企业的合作,研究和发展低碳服装,建立和研究适应低碳服装生产、销售和消费的良性循环氛围;③加速培育制服领衔品牌和区域品牌,通过扩大这些品牌的影响力,促进中小企业从分散的个体生产经营向品牌联合经营的方向发展,统一生产规范和经营管理,为实现产业资源深度整合创造条件;④要尽快实现研发、设计和生产细分的行业分工板块格局,改变企业大而全、小而全的状况,正确认识做大和做强的关系,加强行业内的协作,形成健康的行业和地区布局,实现制服产业链的整体升级,向积极、文明、理性、科学的产业模式发展,形成产业的良性扩张;⑤在职业装领域积极探索和推行租赁销售方式,鼓励资源节约,提倡文明消费和适量消费,建立节约资源的消费模式,积极借鉴国外的先进经验,走具有中国特色的制服发展道路。②

第四节 制服设计的趋势与前景

制服设计的发展空间在未来还将继续拓展,随着行业市场对制服要求越来越高,其产品多品种、个性化、功能化和专业化也将成为主流。因此,制服设计团队需要顺应发展趋势,抓住机遇,利用制服设计的发展契机求得自身的快速发展。

一、个性专业化

制服设计的个性专业化其实是可以分为两点理解的,一点是个性突出,即创造力强大;一点是专业规范,即整体制服意识到位。这是对制服设计师的要求,同时也是制服设计市场的发展趋势。

由于制服生产面对的不是朦胧的消费群体,而是一个相对界定了的目标市场和比较稳定的目标消费群,具有产品的定向性。因此制服设计个性化必须符合一定的艺术性,其目的在于美化着衣者的形态特征,弥补人体美的不足,表示出着衣者的个性和气质,传达出行业和企业的形象,它对个人和企业的形象是同等重要的。个性化体现在多个方面,例如制服设计个性的时代感,政治、经济、流行、文化、文艺思潮等因素通过服装、造型、饰物等折射出来,既从服饰传统中

① 资料来源:2010 年第七届中国职业装企业家峰会论坛

② 资料来源:2010 年第七届中国职业装企业家峰会论坛

吸收精华加以改造，又从众多外来服饰中汲取养分，体现时尚、流行、时髦，具有鲜明的时代特征及历史烙印。适当的设计细节、面料与色彩搭配以及突破了一般制服穿戴模式的细节装饰手法，也可体现制服的识别象征性和装饰性。（图3-6，图3-7）

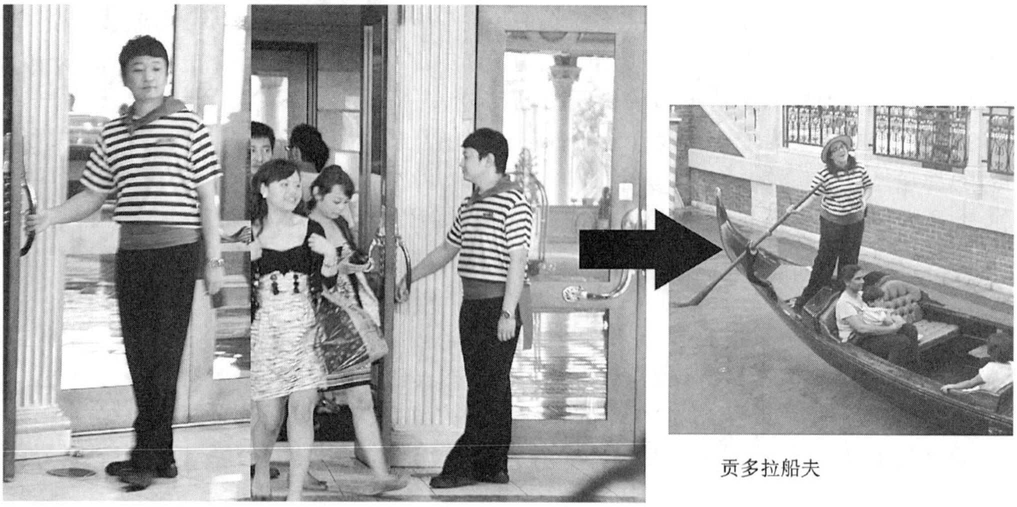

图3-6　澳门知名的威尼斯人酒店，门童制服打破了传统的概念，从酒店的特色出发，借鉴了威尼斯独具特色的尖船—贡多拉船夫的制服，体现了酒店的个性化

图3-7　台湾长荣航空和日本三丽鸥公司集团合作，打造了全球第一架 Hello kitty 彩绘机，机组人员的制服很有特色，与飞机主题呼应，给乘客带来一段浪漫的旅程

此外，制服的个性专业化是基于制服的原则性进行发展的，制服的原则性即同行业内所有从业者采用一种形式的制服以区别于其他行业，有些行业在国际上已有统一的原则标准，如医

护制服采用白色大褂，厨师戴白色高帽等。一些制服的款式、色彩、面料和标志等在设计时要考虑国际惯例，在这个原则标准上还必须符合相对稳定原则，制服与流行服装不同，具有相对稳定性。它在社会和行业的专业化发展中逐渐发散出制服的个性化。企业要生存，要参与市场竞争，必须要塑造良好的企业形象。制服设计师要生存，必然要参与设计的学习和交流，根据客户的要求，结合职业特征、团队文化、年龄结构、体型特征、穿着习惯等，从服装的色彩、面料、款式、搭配等多方面考虑，提供最具专业化的设计方案，为顾客打造富于内涵及品位的全新个性化职业形象。

二、科技功能化

科技功能化是制服设计现代化发展的首要条件，表现为制服性能上的透气、吸汗、保暖等，更重要的是根据工作区域的气候、环境和操作性质等因素进行的面料功能研究。如何保护作业人员身体不受作业环境中有害因素的侵害，以保证准确、安全、高效地完成任务，最大限度地减少事故的发生及相关伤害。2010 年国际上大力倡导环保概念——低碳经济，即以低能耗、低污染、低排放为基础的经济模式，是人类社会继农业文明、工业文明之后的又一次重大进步，也理所应当成为制服行业科技功能化的发展趋势和前景要求。在 2010 年上海世博会中，德国馆工作人员均穿着橘红色的夹克衫、橘红色裤子，既时尚靓丽，又耐热耐洗。这些时尚的短裙、连衣裙、裤子、夹克衫、帽子等工作制服在满足美观和功能性的同时，并与环保理念紧密相连——工作制服选用了一种耐穿的特种涤纶纤维，这种生态循环纤维可以循环回收，重新作为纺织纤维来使用，而不像其他纤维那样回收后只能充当廉价的填充物。这种纤维一旦接触到相应的细菌环境，便会被完全地分解掉。就连衣物染料和纽扣也不会在降解过程中产生环境隐患，非常贴心。（图 3-8）

图 3-8 2010 年上海世博会德国展馆工作人员制服

现代科学已经方方位位的渗透到制服设计之中。高技术含量的新纺织材料给制服带来日新月异的新面目。这种高科技的运用是基于科技功能化进行发展的。比如防静电专用的工作制服,它在面料上编织了金属导电丝或者是碳素纤维,很好的起到了防静电功能。从这里不难看出客户的工作环境和劳动规范都左右着制服设计,制服公司在这方面应紧紧依靠高科技手段,一方面以计算机系统来掌控所有经人手量而取得的人体数据,利用人体工程学原理,参照从业人员特点,设计出合体、合理的制服结构;一方面与国外密切联系开发目前国际上流行的一系列抗辐射、防静电等特殊功能的面料产品,调动资源、提升科技含量,给予穿着者提供便利和满足保护人体的条件。在一般工业、运输业中,制服必须同作业环境、工作条件相适应,确保穿着者操作灵活、便利。对于在宇宙、极地、高山、水下等特殊环境作业或从事灭火、核实验等特殊职业的人员,制服必须对从业人员身体各部位提供充分的保护,使其免受作业环境的伤害,达到安全作业的要求。

三、反应快速化

制服设计反应快速化表达的是一种时间上的速度,一种消耗上的速度,包括了一个项目从开始到后期服务中每个环节的反应速度。制服设计过程中主要是针对制服的三个主要功能需要做出快速反应:①心理需要,即满足客户对制服统一、美观、卫生、性能等因素的需要;②安全需要,即满足客户对制服安全性的需要,即牢固度、抗侵害、抗菌及便于活动方面;③精神需要,即满足客户对制服增强团队精神和集体荣誉感的需要,统一的制服不仅能反映一个企业团体的精神理念,还能显现员工的精神面貌和职业魅力,从而树立员工的敬业精神,增强企业团体的凝聚力,反映一个企业团体的性质和经济实力,体现经营和服务理念,使消费者和顾客产生信赖和依靠感。

制服设计的快速化对制服设计师的要求更加严格了。制服设计师除了要具备专业的设计技能外还要掌握更多,比如了解该企业的行业特点、设计的特殊要求、成本的预算、快速将细节转为创新点、将创新点融合进企业文化、生产加工反馈给客户市场等等,在这个过程中,设计师不仅要学习常规的搭配设计方法,也要不断地观察和发现新的方式方法,在单位时间内的负荷量里体现出一个快速化的反应过程。

本章小结

制服设计与其他门类的服装设计有着很大的分别,制服设计主要是基于行业特点原则即制服必须充分体现和适应工作环境、工作对象、工作目标的特性。目前,我国从事制服行业多是“半路出家”的设计师,若要想成为一名成功的制服设计师,应以一颗求知务实的心来从事制服的设计工作,从市场出发,将制服的品质做到最好,这些才是制服设计的真正意义所在。本章通过对制服设计定义的描述,理清制服设计的基本概念,指出了制服设计的设计原则、视点、方法,以及当前的市场现状和趋势前景。

思考与练习

1. 如何理解制作成本在制服设计中的重要性?
2. 制服设计时应掌握哪些重要的原则呢?
3. 你如何看待制服设计的发展趋势和前景?

第四章 制服项目的相关环节

对于制服设计师来说，熟悉制服的相关环节是进行设计的大前提，包括前期对穿着对象的职业特点、性别、工作性质、工作环境等要素的了解，也包括根据企业的要求和具体岗位的特点进一步确定款式，选择面料、色彩、工艺等等的细节，这些都是身为制服设计师必须慎重考虑的每一个环节。若设计师搞不清楚这些关系，就不利于分清工作的主次，也不利于处理设计过程中出现的各种问题，甚至会影响工作的最终结果。可见，作为一名优秀的制服设计师应该在明确流程的基础上，进行更为深入的掌握和操控。本章节主要研究的是关于制服项目的一些相关环节，特别是制服企业在完成项目过程中需要解决的问题和特别要重视的要点。

第一节 项目洽谈

项目是一系列具有特定目标、有明确开始和终止日期、资金有限、消耗资源的活动和任务①。合作双方需要根据自身不同的情况进行协商洽谈,以促成项目的顺利进行和成功完成。

一、业务模式

(一) 设计公司

设计公司是以提供制服设计方案为主要经营业务,业务范围主要是从事前期调研、设计款式到样衣制作的完成。设计公司的优势是拥有一个出色的制服设计师团队,在设计力量上有着更为突出的优势,设计师有着敏锐的洞察力和多年从事制服设计的经验,对客户的特色能够准确的把握并合理的融入到制服的设计之中,使制服的款式、面料和色彩等方面相互协调,在组合穿着后系列感更为突出,显示出整体、统一、和谐的特征来,让人眼前一亮。

(二) 制作公司

制作公司是以提供生产制作为主要经营业务,多是一些设计公司的外包加工公司。他们主要的任务是接受设计公司或是综合性公司的委托,针对某系列制服或是某款制服进行批量的制作加工。在国内,专门从事制服制作加工的公司还是相对少数。多数制作公司是一些为外贸和品牌服装加工的服装厂,拥有专业的现代化生产设备和有经验的工艺打版师,有能力承接一些大批量制服的生产工作,保证制服的制作周期。有些制作公司也有自己的服装设计师,但往往专业水平不高,制服的设计方案多是简单的拼凑,缺乏创意和系列感。

(三) 综合性公司

少数制服公司同时具备上述两类公司的能力和优势,它不仅拥有优秀的设计团队,还有专业的大规模生产线,是综合性的制服公司。相比较设计公司和制作公司,综合性的公司需要拥有强大的财力、物力和人力的支撑,显示出优势的全面性和深刻性,体现在设计生产各环节的衔接更为有序,设计水准与产品质量联系紧密,各部门协调更为快速化,客户对其更有信赖感,是制服行业激烈竞争的集合产物,在这种综合性的制服公司中,全面的人才显得特别重要,综合性的制服公司也为设计公司和制作公司提供了大量的人才。

二、招标投标

(一) 招标事项

招标是指招标人(买方)发出招标通知,说明需要采购的商品名称、规格、数量及其条件,邀请投标人(卖方)在规定的时间、地点按照一定的程序进行投标的行为。招标分为公开招标和邀请招标两种方式:公开招标又叫竞争性招标,是招标人通过招标公告的方式(在报刊、电子网络或其他媒体上刊登招标公告)吸引众多企业单位参加投标竞争,招标人从中择优选择中标单位的招标方式;邀请招标又称有限竞争招标,是指招标人以投标邀请的方式邀请特定的若干供应商或承包商投标竞争,从中选定中标者的招标方式。邀请函中对制服公司和服装的要求要详

---

① 资料来源:http://baike.baidu.com/view/25183.htm

备、准确，以便于参与投标的公司准备相关资料。(参见附录一)

(二) 投标事项

投标是指投标人应招标人的邀请或投标人满足招标人最低资质要求而主动申请，按照招标的要求和条件，在规定的时间内向招标人递交标书，争取中标的行为。投标人首先取得招标文件，认真分析研究后编制投标书。投标书要求实事求是、具体清晰、准确准时。中标后与招标人签订合同，所要包含的重要内容应全部列入，并在有效期内不得撤回标书、变更标书报价或对标书内容作实质性修改。为防止投标人在投标后撤标或在中标后拒不签订合同，招标人通常都要求投标人提供一定比例或金额的投标保证金。招标人决定中标人后，未中标的投标人已缴纳的保证金即予退还。投标书制作要规范，严格按照招标人的要求进行准备，通常应有以下几部分组成：投标函(参见附录二)；投标单位情况表(参见附录三)；法定代表人授权委托书(参见附录四)；报价单(参见附录五)；法人营业执照及税务登记证(复印件)；服装生产企业资格证书；上海纤维检验所产品检验合格证书；投标单位承诺的各种优惠条件、售后服务等(参见附录六)；承担过类似项目的业绩及证明材料；投标人认为需要提供的其他投标文件和资料等。

三、洽谈内容

制服行业中涉及的项目洽谈指的是制服公司与客户之间沟通的过程。这是一个交流性很强的工作，除了要能够突显制服公司的优势外，还要能思路清晰地向客户展示调研结构，沟通设计构思，提出合理报价等，使双方能顺利地在各方面都达成共识。

(一) 公司优势

制服公司在与客户洽谈项目时，首先要学会推销自己，着重介绍公司区别于其他制服公司的特点，推销的关键在于让客户了解你的优势是什么，在这个项目的竞争中，你如何能够脱颖而出，是夺人眼球的出色设计？还是专业化保障的生产规模？又或是两者兼而有之？沟通的形式是多种多样的，但是本质是要体现出这种优势的差别性和重要性。在洽谈之前应做好充分的准备，对客户方的企业背景、制服相关情况等信息了解清楚，将公司的优势特点、成功案例、服务承诺等用书面和电子文稿的形式演示给客户，也可以带一些相关的样衣，给客户带来更为直观的感受。

(二) 调研汇报

在初期沟通时，制服公司应非常熟悉和了解客户方及其所属行业的制服情况，这是一种专业的体现。制服公司在完成本公司概况介绍后，可以将前期做的调研内容进行演示汇报，包括横向对比同行业中优秀的制服和纵向对比企业以前穿着的制服，调研结果应该是建立在客观基础上的，用图片和文字来展示项目设计的研究背景，在汇报时要条理清楚、简明扼要，围绕着项目主题层层展开。比如要为我国东方航空公司的空姐设计制服，首先进行横向调研：可以收集我国南方航空公司、上海航空公司等空姐的制服信息，以及日本航空、大韩航空等亚洲非常成功的空姐制服情况；其次进行纵向调研：整理东航空姐历次换装的制服信息。对以上的所有资料进行汇总、归类并分析出要点，为新制服的设计思路提供理论基础。

(三) 设计构思

设计构思是制服公司针对项目提出的整体思路，可以说是正式进入系列设计前，设计师把一个最初的设计思路和想法提出来，和客户进行交流探讨，大体的设计框架和一些独特的创意细节应该在这个时间抓住客户的心,给客户留下深刻的印象。比如在设计中倾向的风格、款式和面料上的一些建议等等,设计师最好能够有一个沟通的计划和步骤,如能让客户在前期的调研和沟通中就了解和赞同设计师的基本构思,那么对于后期项目的合作就起到了事半功倍的效果。

(四)呈报价格

价格决定了优势的根本,制服的价格是多数客户关心的重要部分,也是洽谈成功与否的关键之一。在洽谈的初期阶段,制服的报价只要提供单件的价格和面料的信息以供客户比较参考,比如某学校学生制服的报价单中(表4-1),给出面料、单件价格和一个学生所有配置的总价。制服的面料直接影响到价格的波动,有时可以给出不同面料对应的不同报价供客户选择。随着洽谈的深入,客户会要求提供详细的报价单(表4-2),即对每件单品制服进行报价,包括面料、辅料、加工费、包装费、运费、毛利润等等,使得价格更为透明化,竞争更为透明化。

表4-1 某学校学生制服的报价单

××学校学生制服报价单			
种类(面料)	单价(元)	件 数	总价(元)
西装(爵士呢)	120	1	120
西裤(爵士呢)	50	1	50
短袖衬衫(涤棉条纹)	25	2	50
长袖衬衫(同上)	30	1	30
短袖T恤(涤棉)	35	2	70
运动服上衣(涤棉)	55	1	55
运动服裤子(涤棉)	40	1	40
棉衣(充棉)	192	1	192
丝巾(真丝)	10	1	10
领带(涤丝,一拉得)	10	1	10
		总 计	627

表4-2 某学校学生制服中单品——棉衣的报价单

××学校学生制服——棉衣报价单		
单 项	价格(元)	备 注
面料价	49.95	
里料价	21.96	
辅料费	15.15	后背荧光条
包装运输费	1.9	
加工费	78	
税 金	7.68	
其 他	17.3	
合 计	192	

（五）洽谈技巧

洽谈是制服公司和客户之间对制服相关事宜进行相互协商和交换意见，直至达成统一意见的协议过程。洽谈需要技巧，几乎每一次成功的合作背后都离不开双方的多次洽谈，作为制服公司方，在与客户交流时要表现出专业和沉稳。对于重要的项目或前期意向，制服公司应以一个团队的形式去洽谈，包括公司代表、设计师、生产负责人等专业人才，对客户的疑问给予专业的回应，给客户带来良好的印象，促成项目的成功。从实际的经验来看，多数企业的决策者对制服设计方面并不是很了解，可能提不出什么建设性的意见，但最终的设计是由他们确定的，这时，设计师如何运用专业知识去说服对方，这对设计师提出了要求，设计师应用专业性的语言和实际的案例去说服客户，体现自身的权威性，这一点非常有利于日后工作的顺利展开。

第二节　合同签订

合同是当事人之间设立、变更、终止民事关系的协议，依法成立的合同受法律保护。合作双方签订相关的合同是十分必要的。合同执行期内，甲乙双方均不得随意变更或解除合同。合同如有未尽事宜，须经双方共同协商做出补充规定，补充规定与合同具有同等效力。

一、合同的重要性

合同法是民商法的重要组成部分，是规范市场交易的基本法律，它涉及到生产、生活领域的方方面面，与企业的生产经营和人们的生活密切相关。制定一个规范的合同，能够更好地适应社会主义市场经济发展的需要，对于及时解决经济纠纷，保护当事人的合法权益，维护社会经济秩序，对促进社会主义现代化建设都具有十分重要的作用。制服公司和企业之间都要学会运用法律手段加强自我保护的意识，双方在签订设计和加工合同时，要对设计要求、价格、制服质量、加工费、交货期限及违约责任等问题一一列举说明，明确双方的权利和义务，以便发生纠纷时可以通过法律途径保护自己的合法权益。

二、合同的主要内容

合同签订后具有法律效力，因此，合同的内容具有规范性、专业性和广泛性，双方的基本信息和服务条款应明确地出现在合同中，作为今后双方合作的标准。

（一）基本信息

合同的基本信息使合同的确定性增强了，主要包括签订合同双方和时间的具体情况。

1. 人物

根据《中华人民共和国合同法》及相关法律法规的规定，双方本着诚信、互利、公平、公开的原则，经友好协商达成合同条款，共同遵守执行。通常合同一式两份，甲乙双方各执一份。甲方为客户方，乙方为制服公司，在合同上要详细地写明公司名称。由公司负责人签字，并加盖双方公章的合同方能生效。

2. 时间

合同经双方签字盖章后，要注明具体生效的日期，即签订合同的时间。这直接影响到制服设计和生产环节的时间问题。比如合同中会写道：自合同签订之日起，20天内乙方呈交完整的设计初稿；设计定稿后30天内乙方递交全部样衣；样衣确认后三日内甲方付50%的合同款给乙方等等。这些时间点都是根据合同签订日推算的。

（二）服务项目

双方根据自身的能力和要求协商后，针对制服公司所能提供的服务项目，将具体内容在合同中应明确写出。

1. 设计部分

这一部分的合同条款里需要注明甲方需要乙方设计的制服种类、数量和要求、设计稿和样衣的确认时间、确认次数和方式以及双方的违约责任。设计稿和样衣确认后，由双方代表当面封签，双方需在确认单上签字，样衣交由甲方保管，作为对乙方后期大批制服验收的依据。

2. 生产部分

这部分需要在合同上体现出每件制服的品名、款式、工艺、面料（成分、专业机构的检测报告）、颜色、尺码、数量、交货日期以及乙方的违约责任，并将每款制服的生产通知单、检测报告作为合同附件。

3. 售后部分

这部分需要在合同上注明制服的包装、送货、维修、退换货和补单情况。包装内容包括单件制服的包装方式和外箱的包装方式；送货内容包括送货地点、时间和运输方式；维修和退换货内容包括制服出现质量问题后，乙方依据怎样的标准解决出现问题的制服；补单内容包括乙方承诺甲方后续零散制服的交货情况。

（三）价格付款

项目的合作是建立在互惠互利的基础上，制服公司向企业提供满意的服务，企业支付相应的报酬给制服公司，在涉及经济利益的前提下，应慎重地对待合同中关于付款的相关内容。

1. 支付定金

在制服设计工作正式启动之前，甲方应在规定时间前向乙方交付一定数目的定金，作为乙方前期工作的保障。定金在我国《合同法》上是承担违约责任的形式之一，其基本法律性质是违约定金，并具有担保合同履行的性质。定金的作用有两种情形：①合同正常履行时，定金充作价款或由交付方收回；②合同不履行时，适用定金法则，即交付方违约的，无权收回。接受方违约的，应双倍返还定金。

2. 结算款项

（1）币种

随着中国制服行业的发展，制服公司面向的客户是非常广泛的，除了国内的客户，国外很多企业也开始与国内制服公司合作。因此，在合同中要注明项目中规定的一切费用均以何类币种计价，比如人民币、美元等，否则会造成价格上的巨大差异，引起不必要的纠纷。

（2）付款期限

在制服合同中，付款期限约束着甲方的付款时间。要注明双方选择在何时支付款项，也就是通常会选用的分期付款的方式，这样双方在合作的每一个环节都有个相互制约的过程。

① 首期付款

在制服合同的签订中，首期付款是甲方在制服项目施行之前交付给乙方的款项，在此项中需注明合同签订后几个工作日内支付合同总价款的百分之多少为首付款。

② 中期付款

中期付款是甲方在制服项目进行到某一阶段时向乙方交付的款项。在制服合同中，中期付款的次数应根据制服设计和生产的具体项目进行协商，可以以一些重要环节的完成作为付款截点。同样每一期的付款需注明完成这个环节后几个工作日内支付合同总价款的百分之多少。

③ 尾款结算

制服合同中尾款结算是在项目成功完成后，甲方应在规定时间内将余下的款项支付给乙方，但有些企业会担心制服在穿着一段时间后可能出现质量上的问题，因此会扣留5%～10%的款项作为制服保质期的押金，半年或一年后再结算给制服公司。

(3) 付款方式

这部分在合同上需说明双方选择何种方式支付合同价款，有现金、支票和银行转账三种方式，出于方便和安全考虑，甲方通常选择后两种付款方式，乙方收到款后应向甲方提供正规发票。如甲方未支付款项，在双方没有例外约定时，乙方对完成的服装享有留置权。

(四) 违约责任

在双方合作的过程中，可能会发生各种不可预见的纠纷，应本着共同解决问题的目标来对待出现的问题，但在合同中应对可能发生的问题给出相应的处理办法，双方应以此制约对方，有利于项目的顺利完成。

1. 甲方的违约责任

(1) 甲方中途变更制服的数量、规格、质量或设计等，应当赔偿乙方因此造成的相应损失。

(2) 甲方中途废止合同，应偿付乙方未履行部分价款总值的百分比违约金。

(3) 甲方未按合同规定的时间向乙方提供相关资料、反馈意见等或未完成必要的辅助工作和准备工作，乙方有权解除合同，甲方应当赔偿乙方因此而造成的损失；乙方不要求解除合同的，除交付制服设计稿和成品的日期得以顺延外，甲方应当偿付乙方停工待料的损失。

(4) 甲方超过合同规定日期付款，应当比照中国人民银行有关延期付款的规定向乙方偿付违约金；以酬金计算的，每逾期一天，按酬金总额的相应比例偿付违约金。

(5) 甲方无故拒绝接收制服成品或临时变更交付地点的，应当赔偿乙方因此造成的运输损失。

2. 乙方的违约责任

(1) 乙方未按合同规定的质量交付制服成品或完成设计工作，甲方同意利用的，应当按质论价；不同意利用的，乙方应当负责修整或调换，并承担逾期交付的责任；经过修整或调换后，仍不符合合同规定的，甲方有权拒收，由此造成的损失由乙方赔偿。

(2) 乙方交付制服成品或完成设计款式的数量少于合同规定，甲方仍然需要的，应当照数补齐，补交部分按逾期交付处理；少交部分甲方不再需要的，甲方有权解除合同，因此造成的损失由乙方赔偿。

(3) 乙方未按合同规定制作和包装的制服，应当返修和重新包装，并承担因此而支付的费用。甲方不要求返修或重新包装而要求赔偿损失的，乙方应当偿付甲方该不合格包装物低于合格包装物的价值部分。

（4）乙方逾期交付设计稿或制服成品的，应当向甲方偿付违约金（合同中无具体规定的，应当比照中国人民银行有关延期付款的规定，按逾期交付部分的价款总额计算，向乙方偿付违约金）。以酬金计算的，每逾期一天，按逾期交付酬金总额的比例偿付违约金。

（5）乙方实行代运或送货的制服成品，错发到达地点或接收单位（人），除按合同规定负责运到指定地点或接收单位（人）外，并承担因此多付的运杂费和逾期交付的责任。

（6）乙方擅自调换甲方确认的制服款式、面料、配件等，甲方有权拒收，乙方应赔偿甲方因此造成的损失。如甲方要求重做或重新修理，乙方应当按甲方要求办理，并承担逾期交付的责任。

三、常用合同

制服的设计和制作涉及到很多环节，制服公司在一个项目中会跟客户方、面料供应商、制作加工方发生业务关系，面对不同的对象所签署的合同内容也是有差异的。

（一）与客户方的合同

在整个制服项目的运行过程中，制服公司要做到尽可能地满足客户的需求，合同应根据双方达成的协议进行签订，对设计细节、交货时间、价格等方面都应该一一列出说明。（参见附件七）

（二）与面料供应商的合同

面料供应商是为制服公司服务的，为制服公司保质保量按时完成提供了有力的保障条件，面料供应商应按制服公司提供的面料样布进行生产，保证各项面料指标准确无误，双方应对面料制作的相关细节在合同中一一列出。（参见附件八）

（三）与制作加工方的合同

有些制服公司将项目拿到后，由于没有加工能力，或交货时间紧张，会将制服的加工制作分包给服装加工厂，在合同中要对制服的质量、数量、违约责任和交货日期等做出说明，以此约束加工厂。（参见附件九）

第三节　产品设计

制服产品是一个项目成败的关键所在，制服公司最终还是要通过制服设计产品来征服客户的。许多制服设计方面固定的模式与单一的款式让着装方式陷入一种沉闷的风格中，从而掩盖了制服特有的风采。其实，在制服上也可以找到灵动与时尚的感觉，当今的制服在设计上遵循和沿袭国际惯例，适当汲取民旅服装的特色，还要结合当前流行趋势，在造型、色彩、面料上不断更新。通过这些基本手段定位主色和配色，把握面料和辅料，从而顺利地完成这个阶段的产品设计。

一、前期导入阶段

前期导入阶段指的是制服设计初始时的一切准备,简言之就是如何开始制服设计的阶段。制服设计通常由项目点组成,这个项目本身具备了市场性质,它所应考虑的要点应是方方面面的。制服设计的前期导入阶段就是迅速地将这些小的要素组合起来,让一个设计项目能够行之有效地运行起来。前期导入阶段很重要,它的重要在于它决定了制服设计后续的方向,它是制服设计与企业结合沟通最紧密的一个时期,它是影响后续能否成功完成制服项目的开始阶段。所谓好的开始是成功的一半,倘若我们将项目的整个运行和操作比作一条直线,那么制服设计的工作阶段就是决定这个直线延伸方向的重要起点,如何将这个直线从无到有,从有到优,是这个阶段需要思考的问题。

(一) 掌握设计项目

“知己知彼,百战不殆”,掌握设计项目好比了解自己的客户,“知己”和“知彼”是竞争者要补好的两堂课,只有做到正确地了解自己和对方,并有效地利用自身和环境的优势,才能在竞争中永不沉没,这是个深入浅出的过程。以下是如何快速准确掌握设计项目的关键要点。

1. 项目的特征

一个制服的设计项目是指一系列与之相关的独特的、复杂的并相互关联的活动,这些活动有着一个明确的目标或目的,必须在特定的时间、预算、资源限定内,依据规范完成客户满意的制服设计。

(1) 明确的目标

明确的目标是指制服设计项目结果,是得到所需的满意制服产品和一种所希望得到的相关服务。因此,制服设计师应该明确项目所面对的这个行业或企业,包括它的行业特点、工作性质、服务范围等。了解客户的需求和喜好,站在客户的角度上更好地完成项目设计,最终使客户满意,自身受益,达成双赢 。

(2) 独特的性质

独特的性质是指每一个制服设计项目都是唯一的。因为每一件制服都属于不同的行业或企业,有着不同行业或企业独特的性质。这就像每个人都有自己与众不同之处一样,制服设计师要敏感地把握住这个独特的性质,找到最适合的切入点,以制服设计师的视角将其和制服设计完美地结合在一起。

(3) 资源成本的约束

资源成本的约束是指每一个制服项目都需要控制运用各种资源的成本来实施,因为客户的预算毕竟是有限的。因此,在运作项目的可操作性时要考虑资源成本的约束性。这个资源成本不仅仅是材料上的有形成本,还包含了管理上的无形成本。如何最大限度地约束项目资源的配置是一个重要而实际的问题。

(4) 特定的委托人

特定的委托人是指制服设计结果的最终需求者,也是项目实施的资金提供者。项目中特定委托人是整个项目中关键的人物。制服设计师需要把自己的位置摆正,所谓“客户就是上帝”。设计师要经常站在特定委托人的视角上想问题,迎合他的心理需求。

2. 项目的内容

在开始进行正式的制服设计之前,我们先要对项目的一些重要要求进行了解和分析。以便于计划、评估、控制工作活动，进而按时、按预算、依据规范达到理想的最终效果。

(1) 设计内容

设计师在开始进行设计前，要掌握客户共需要设计多少个岗位以及共多少款式的制服。通常客户方会提供所需设计的部门和岗位，设计师要先一一明确了解，特别是像酒店制服项目，涉及的部门、岗位较多，工作性质差别较大，这就需要设计师思路清晰。可以用表格的形式整理，按不同的部门、不同的岗位、不同的职位和性别进行分类展示，做到心中有数，合理地安排设计进度。(表4-3)

表4-3　××酒店制服设计明细表

××酒店制服设计明细				
部　门	岗　位	性　别	配　置	配　饰
大堂部	门童	男	冬、春秋、夏装	帽子、手套
	行李员	男	春秋、夏装	手　套
	前台服务	男、女	春秋、夏装	丝巾、领带
	大堂经理	女	春秋、夏装	丝　巾
	……			
房务部	……			
安保部				(根据酒店的具体要求列出相应岗位和设计内容)

(2) 时间截点

设计师在设计过程中要掌握客户给出的几个时间截点，比如初稿完成时间、二次改稿完成时间、定稿时间、样衣完成时间等。这些时间应是双方根据自身条件和要求协商后确定的，制服企业一定要量力而行，不要盲目地答应客户的要求。如果时间截点确定，设计师应严格按时完成自己的工作任务，在最基本的诚信度上给客户留下较好的印象。(表4-4)

表4-4　××制服项目设计工作进度表

××制服项目设计工作进度表			
时　间	进　度	与客户方	备　注
×月×日	市场调研，确定设计主题、面料、色彩等前期准备	了解客户的想法，多沟通	
×月×日	初稿完成	与客户交流设计方案	记录下需要修改的细节
×月×日	修改稿完成	与客后确定每一款制服的款式、色彩、面料、配饰等细节	整个制服系列的设计基本确认
×月×日	设计稿定稿	客户方给出对设计稿认可的确认书	此后应是制服加工的阶段

(3) 费用预算

在这个项目中，设计师要掌握客户对整个项目可支出费用的预算是多少，因为制服毕竟是企业为员工在工作时配备的服装，它只是企业塑造整体形象的一部分，企业对制服的支出也是有自己的“心理价位”。设计师在设计时一定要参考这个费用,将制服的成本严格控制在预算内,否则就算再漂亮的制服也只能使客户“忍痛割爱”,造成双方时间的浪费甚至合作项目的失败。

(二) 企业特点分析

任何一种歪曲和曲解企业整体形象的设计不仅是不成功的,而且会对企业造成无法挽回的负面影响。所以在制服设计之前必须对企业的特点有深入的了解和分析。

1. 分析的必要性

企业制服设计的整体性是指制服的设计必须以展示企业形象为主导,与其他的视觉要素一起构成企业的整体形象系统。设计工作的具体展开应建立在对企业的深入了解上,进而进行制服的款式、面料、色彩、配件和整体风格的考虑。各个岗位特点、公司企业形象与工作实用性都是通过深入分析公司企业特点后得到的。因此,在拿到项目后,设计师应主动地向企业了解情况,取得一手资料后进行系统地分析,在设计前做好准备工作。

2. 分析的内容

在人员众多的工作环境中,常常需要迅速地辨认员工的岗位和职能,所以在款式、色彩、配饰设计上要有很强的识别性。如酒店的总经理、部门经理、服务生、清洁工等制服都各有明显的差别。因此,制服设计前应分析企业各自部门的工作要求和礼仪习惯,以便于协调企业的内部关系,提高工作效率。同时这种制服识别的差异也符合管理上的要求,阶梯式的级别差异可以激发员工的积极性。

(三) 需求调研

调查研究是做好一切工作的基础,在制服设计中,这一法则同样适用。制服设计中需求调研的主要目的是弄清该企业所处行业的情况,找准企业的特色方向,为制服设计风格的确立提供有力的证据。

1. 调研的必要性

能不能取消市场调研?回答是否定的。在制服设计中,面对竞争激烈的制服设计市场,如果不做行业调研的话,你就不知道你的客户到底是谁?他在想什么?需要什么?不做制服调研,就不知道客户所处行业的特点是什么?他的竞争对手是什么样的情况?

“知己知彼,方能百战不殆,不知彼,胜败各半,不知己又不知彼,每战必败。”这句话就充分说明了项目的成功应建立在双方情况的详尽估计和正确判断的基础之上。制服设计市场瞬息万变,如果没有深入、准确、完整的调研,没有自己的信息系统,设计时就会生搬硬套。因此,在制服设计的初始阶段,市场调研是不可或缺的必要流程之一。在做调研的时候,切忌做走马观花式的调研,仅凭以往的经验而对设计项目做出判断,缺乏需求调研的制服设计作品往往带有设计师很强的主观意识,不符合企业客观实际,存在盲目性,这样的制服设计可能使项目最终达不到预期的效果,甚至失败。设计师要先搞好市场调研,尽最大可能地迎合客户需求与偏好,实现客户服务价值的最大化。

2. 调研的内容

制服设计调研的内容主要包括该客户所处行业的特点和要求(比如:学校、酒店、航空、银行等)、行业从业人员现有的制服体制和样式以及该行业制服国内外的发展趋势。在这个调研的过程中,设计师要保证调研内容的真实性,对同行中一些优秀的企业制服进行取证分析,善于借鉴和学习别人的成功之处，绝不可脱离现实要求。

（1）横向调研

横向调研的范围是指客户所处行业中同类型优秀制服的整理和比较。横向分析制服设计项目是一个系统性很强的市场调研，包括对行业环境的了解、目标市场的选定和分析等等。每一个制服设计项目都是针对一个特定的行业，横向调研就是通过针对这些项目，研究客户所属行业的其他公司的优秀制服，包括款式、面料、色彩、配饰和细节等，了解员工和外界对制服穿着后优点与缺点的评价，因为制服穿着后应符合社会公众的要求，尤其是该行业从业人员的认可。假如要为中国国际航空公司的空姐设计制服，横向调研时应针对南方航空、四川航空等国内航空的优秀空姐制服以及日本、韩国等亚洲航空公司的空姐制服进行收集和整理，可以用图表的形式展示出来，便于设计师观察分析。（表4-5）

表4-5　中国国际航空公司空姐制服设计的横向调研图表分析

中国国际航空公司空姐制服设计的横向调研资料		
航空公司	制　　服	备　　注
南方航空		款式分析：斜襟V领、仿汉代领型 色彩：白、红、蓝、条纹 特点：门襟和袖口镶金色线
吉祥航空		款式分析：…… 色彩：…… 特点：……
四川航空		款式分析：…… 色彩：…… 特点：……

（续　表）

航空公司	制　服	备　注
日本 JAL 航空		款式分析：…… 色彩：…… 特点：……
日本 ANA 航空		款式分析：…… 色彩：…… 特点：……
大韩航空		款式分析：…… 色彩：…… 特点：……
……	……	……类似相关资料的调研

在面向客户时，同行业的不同公司是竞争对手，除了提高产品的质量和品位外，如何从形象上提升和包装自己，建立特色的企业文化越来越受到企业的重视。横向比较是从企业的角度出发，针对激烈的市场竞争环境协调而生的一种同领域调研活动。其根本是对同类型企业的核心文化的研究，这种文化是在企业的核心价值体系基础上形成的具有延续性的共同认知系统和习惯性的行为方式。

（2）纵向调研

制服设计中的纵向调研是根据企业各岗位的工作性质进行的分类调研。包括企业视觉形象要素的调查；企业部门的工种分类，包括岗位、性别、年龄等；员工的工作性质、劳动量、劳动形式、操作中运动幅度的大小、运动规律；了解企业对新制服的颜色、款式、面料有什么具体和特殊的要求；记录员工对原制服的评价；调查一下员工在服装实用性上有什么建议，这便于满足使用者的生理、心理、功能等方面的要求，满足普遍使用者对时尚、风格、品位、文化的感觉认同。

只有在充分调查研究的基础上，运用服装科学和服装美学的基本原理，才可能设计出较合理和满意的新制服。(表4-6)还是以中国国际航空公司的空姐制服为例，我们根据上面的方法去调研相关的内容，理解该企业内部结构和不同部门的工作性质，全面地理解企业从上到下的组织结构，不同部门的职权范围和工作性质，以便考虑款式设计、面料选择和色彩选用，根据要求进行整体的策划，保持与设计的一贯性。

表4-6　中国国际航空公司空姐制服的纵向调研资料分析图表

<table>
<tr><td colspan="4">中国国际航空公司空姐制服的纵向调研资料</td></tr>
<tr><td colspan="4">一、以往两次换装资料</td></tr>
<tr><td>年　份</td><td colspan="2">制　服</td><td>备　注</td></tr>
<tr><td>1988年</td><td colspan="2"></td><td>皮尔·卡丹设计的“宝石蓝”制服，包括无领上衣、套裙和长裤，条纹图案的衬衫领口，还系有一条领巾，头上的小圆帽显得十分优雅……</td></tr>
<tr><td>2003年
(目前穿着的制服)</td><td colspan="2"></td><td>法国著名时装设计师拉比杜斯设计，无领侧门襟上衣、套裙，一套为蓝色，一套为中国红色……</td></tr>
<tr><td colspan="4">二、员工的工作形式、工作量</td></tr>
<tr><td colspan="4">空姐的职责是对空中的旅客周全的服务，以体现航空公司的服务质量与品牌形象的完美衔接。空姐的具体工作由哑声示范安全需知、空中送饮送餐、应急情况处理等……(类似相关情况的调研)。</td></tr>
<tr><td colspan="4">三、目前制服的信息反馈汇总</td></tr>
<tr><td>制服单品</td><td>工作操作舒适度的建议</td><td>款式、色彩、面料的建议</td><td>细节处理的建议</td></tr>
<tr><td>西装外套</td><td>帮客人放行李时，制服背部过紧……</td><td>面料弹性最好再大一点……</td><td>……</td></tr>
<tr><td>裙子</td><td>……</td><td>……</td><td>……</td></tr>
<tr><td>衬衫</td><td>……</td><td>……</td><td>……</td></tr>
<tr><td>大衣</td><td>……</td><td>……</td><td>……</td></tr>
<tr><td>马甲</td><td>……</td><td>……</td><td>……</td></tr>
<tr><td>围裙</td><td>……</td><td>……</td><td>……</td></tr>
<tr><td>……</td><td>……</td><td>……</td><td>……(相关资料的调研)</td></tr>
</table>

(四)图稿表达

如何将设计师好的构思和想法表达出来是关键,单纯语言的描述无法满足客户的要求,服装对于绝大部分客户来说是外行,我们只能通过专业的设计画稿与客户进行前期的沟通和交流。

1. 设计初案

设计初案是制服设计师结合自身经验和对企业调研后用来表达设计意图的方法,这种多分支的分组设计也是制服产品设计初期的设计手段。每一个行业、每一个企业客户都有自己的特点,客户决策者的审美观也有所差异。设计中需注意满足客户的生理、心理、功能等方面的要求,符合社会公众认可,满足使用者对时尚、风格、品位、文化的感觉认同,这样的制服设计才能吸引客户的眼球,在投标竞争中脱颖而出。因此,在设计初案阶段,制服设计公司针对一个项目会推出几组不同风格的系列,通常有3~4个系列供客户挑选,这些分组系列的色彩和款式有所不同,可以给客户多种选择的余地,更加明确客户的心理倾向,便于设计初案的修订和确认。

2. 设计终案

设计终案是制服公司向企业提供的最终设计方案,也是后期制服生产样衣的依据。随着双方沟通和交流的不断深入,选定的设计初案经过设计团队的整合和升级提炼而来,设计终案需要把制服设计中的每一个细节都加以确定,双方对制服的款式、面料、色彩、辅料的搭配都逐一达成共识,方案中应包括每一套制服的穿着效果图、款式图、面料小样、面料成分、辅料、简单的工艺说明、价格,这才是一个制服项目的专业化设计终案。

3. 书面成册

无论是设计初案还是设计终案都应通过书面装订成册的形式展示给客户,体现设计的专业性和条理性,书面表现有手绘和电脑打印稿两种。目前制服公司基本都采用专业的电脑绘图软件进行设计,服装效果图要尽量真实地表现制服穿着在员工身上的效果,清晰、完整、准确地表达出设计师的设计意图,服装款式图要准确体现制服款式造型,旁边附简单的工艺说明、面料小样和成分,最后将服装效果图与款式图进行美观地排版设计,有一定的次序性,装订成精美的册子,尺寸不宜过小或过大,一般在A3~A4纸之间的大小均可,借此方便与客户进行具体沟通和交流。(图4-1)

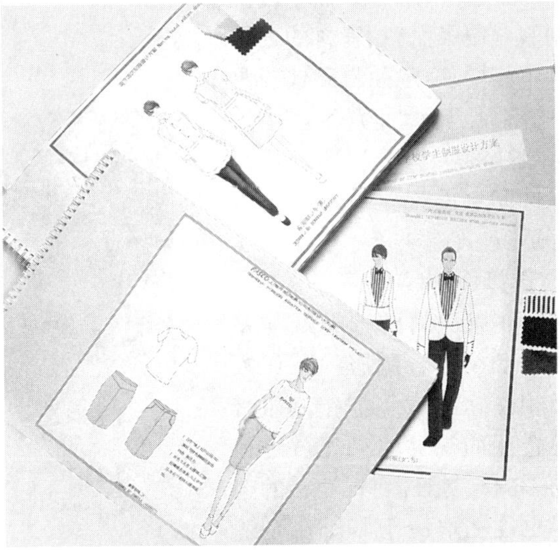

图4-1 书面成册的设计图稿,使设计师与客户的交流更理性化、具体化

4. 演示文稿

在项目投标时,客户的决策者不可能是一个人,高层领导和相关部门负责人和其他竞标者都会出现在投标现场,我们不可能准备特别多的书面图稿,这样既浪费成本又不便于设计师的讲解,这种情况下制服公司会准备一份电子演示文稿,把制服效果图、款式图、设计说明等书面图稿

中的内容做成电子版本，在投影屏幕上向决策者们统一讲解整套设计思路和每款制服的设计理念。

二、产品设计

随着社会的进步，在基本需求逐步得到满足的情况下，企业有了更高层次的渴望——自我特色实现的渴望。现在的制服已不仅仅是劳动保护服，在企业文化广泛进入社会生活的今天，制服代表的是一个企业的风貌和品位，它直接向人们展示着企业品位的高低，所以制服的设计感就显得尤为重要，体现了设计师的审美能力、设计能力以及规划能力的综合能力。

（一）设计的创新点

设计创新点是制服设计师在设计过程中力求打破传统设计手法、突显企业形象和特色的细节元素。创新点要求在设计的统一中有变化、变化中求统一，应该是多元化的。制服的创意性要求非常严格，可以运用不同的搭配技巧，或者是非规律性的设计手法进行突破、创新。但始终要牢记制服在工作环境中的从属地位，协调呼应也好，对比突破也好，设计的创新要配合整体风格，符合社会、企业的需要，不要过于另类。

在商业领域里，每个企业都希望自己的制服与其他企业不同，带有一定的个性化特征，就如同企业的标志一样，是不允许雷同的，这是企业在商品化竞争中树立自身品牌，突出自身形象的重要途径。但是制服与时装不同，它又受到穿着环境与工作性质的制约，在款式、色彩和面料上都有诸多的限制，有相对的稳定性，不像生活时装流行短暂而多变。因此，制服的创新应该着眼于细节点上，可将流行时装的特点点缀到制服的局部设计中，让制服充满时代气息。如何通过制服设计满足企业的这一渴望是现在市场对设计师提出的要求，制服设计师需要对以往的设计思维进行超越，为制服设计拓展出更广阔的空间。

（二）确定面料和辅料

穿着在不同作业环境的制服对制服面料、辅料的要求各不相同，确定面料和辅料是一件制服从设计到生产中无法或缺的一个环节，直接影响一件制服的视觉效果和穿着舒适度。（图 4-2）

图 4-2　每一种面料都有自己的风格，设计师对它们有深刻的体验与感悟，才有可能将其特性发挥出来，做出好的设计作品

1. 选择面料

制服面料的选择既与每一名必须穿着制服的工作人员相关，更关系到整个制服带给企业的视觉效果和对外界的影响。制服面料、辅料的选择也往往取决于其所在企业决策者的态度，决策者的态度决定了对成本的运营计划，这是制服面料选择中不可避免的重要因素。有时针对一款制服，设计师会提供两到三种面料供客户选择，这样成功的可能性也就越

大。此外,制服面料的选择首要是为了满足某些特殊工作或是适应某些特殊环境的需要,有时会被要求具备比较特殊的功能,除一般意义上的吸湿透气、御寒保暖等功能外,还要符合特殊工种的工作要求,例如防水、防风、防尘、防辐射、防静电、防高温等等。在选择制作此类特种用途的制服面料时,务必要一丝不苟、精益求精、严格把关,绝对不允许放松标准,以次充好,否则会对人体造成伤害甚至危及生命。

2. 选择辅料

除面料以外的所有用料统称为辅料。在制服设计中,辅料运用面积较广,从纽扣、拉链到衬料等都属于辅料的范畴。它是除面料外装饰服装和扩展服装功能的必不可少的元件,具体地说,制服的辅料包括里料、衬料、缝纫线、纽扣、拉链、商标等。辅料与制服款式、面料、色彩的搭配是体现在细节上的,选辅料的时候应先将主要面料确定好,然后针对主要的面料选取不同的辅料进行搭配,这种差别往往是体现在细小个别的地方,但是却可以造就整体感的极大差异。

(三)确定主色和配色

1. 选择主色

制服的主色是系列制服中主要运用到的色彩,制服主色调的确认要参考该公司整体形象的专用识别色系,将其整体或局部运用在制服的设计中,使制服色彩和谐地融入到员工的工作环境中。这种方法可以通过整体色调的运用来统筹全局,将各个岗位的服装色彩归纳在一定色调的几种颜色之中,使得每一个岗位的制服色彩既有不同的色彩配置,又统一于整体色调之中。

2. 选择配色

制服的配色是除了主色以外运用的搭配色彩。制服的配色运用是建立在主色调的运用基础上。当制服色彩总体上给人严谨沉闷的感觉,就可以好好的利用配色来打破和调节。制服的色彩可以采用该企业标准色做主色,以邻近色或对比色作配色和点缀色,也可以采用该企业标准色的邻近色做主色,用标准色做配色和点缀色。要注意的是,配色也应与工作环境和谐统一,增加视觉识别的统一性。比如在装修格调优雅含蓄的企业中,服装配色也应相对使用与主色明度和纯度对比不大的近似色或协调色系。

(四)设计的系列感

设计系列感是多套以上的制服,从造型风格、外形轮廓、色彩组合到面料搭配等形成某种一致性。不同的工种、不同的性别、不同的级别使制服的款式分类多样化,一个企业的制服在不失整体一致的前提下可以形成制服的分支和系列,这样可以明确各部门的职能分工。制服的设计繁多复杂,定位主色和配色,面料和辅料如何搭配呈系列感,需要抓住制服的款式、面料和色彩三者的关系,根据客户的需求和实际情况尝试采用以下三个方法进行具体的变化:

1. 同色调与不同面料、不同款式

制服设计最常见的案例是基于一个企业主色调的基础上进行创作设计。在一个统一色调中,根据岗位不同可以运用质地不同的面料,设计不同的款式,既统一又有变化。如确定以咖啡色调为主色设计该企业的制服,有的岗位可采用深咖啡色高支毛料做成西服套装,典雅含蓄;有的岗位可采用浅褐色提花织锦面料做成改良旗袍,华丽美观;有的岗位可采用米色混纺面料做成工装夹克,耐穿实用等等。

2. 同款式与不同色彩、不同面料

这种方法设计的重点在于基于企业固有款式惯性的基础上进行创作设计。当制服款式变化不大时,可采用个体的色彩、面料的变化与搭配来调整设计手段。比如在酒店的制服设计项目中,同一款中式改良套装,大堂领班可用黑色的贡丝锦面料制作;餐饮部领班可用红色系的爵士呢面料制作;客房部领班可用蓝色系的制服呢制作,同样可以达到丰富而统一的穿着效果。

3. 同面料与不同款式、不同色彩

选用相同的几种面料搭配组合,把设计重点放在款式变化上,如长短比例的不同、各部位设计细节的不同等等。色彩也可以变化,使得各岗位的制服各有特点。如某企业行政办公人员的制服设计项目,选定用爵士呢面料后,根据具体岗位工作性质的不同,选取适合的色彩,给前台文员、销售、财务、部门主管等设计不同的款式。

以上几种方法也可以在实际运用中穿插使用,但始终要保持一个统一的风格,形成强烈的整体感。为此,各部件之间、色彩之间、材料之间不能随意拼凑,一定要从整体上考虑。如果格调不一致,系列感就会消失,显得杂乱无章,不具备整体特定的美感。制服是人们在工作和劳动中穿着的特定服装,应当基于统筹的考虑和精心的搭配。优秀的制服设计不仅体现于设计上的创新,更多的是能出色的完成整套设计理念的整合。

第四节　沟通交流

随着世界各国对中国的认知越来越广泛,中国制服企业应充分利用现在的机会提高自身的整体素质,更多地争取到项目合作的机会,增加自己的经验值和信任度。在这个过程中,该如何与客户进行互动和交流,应用口头和书面的方式将自己的作品展现给客户,获得客户的信息回馈以求双方思想达成一致,这是谈话的艺术,更是一门学问。

一、沟通交流的重要性

沟通交流是人类行为的基础,其目的也是逐步的传达出自身超越其他同类公司的非凡实力,进而获得客户的认同和信赖。如何与客户沟通交流并达成共识,将是制服项目运作中关键的环节之一。

制服设计师应该向客户详细讲解该制服项目从无到有所要经历的过程步骤,并且站在企业的角度上将步骤描述的详细化、明朗化。许多制服设计最终未能成为现实,沟通上的不足是非常致命的问题,设计师表达的方式必须专业化,才能让双方的沟通交流高效化、准确化。制服公司代表及主要设计师与客户进行必要的理念沟通是一种信息交流,要求制服公司和客户对设计内容的信息相互过滤吸纳,听取反馈意见,及时提出改进方法,避免设计资源的浪费。双方的沟通应发生在各个工作环节的衔接点,当一个环节的工作结束转入新的工作环节之前,就需要进行及时的设计沟通,过早或过晚的交流都将会失去沟通的意义。例如:到了选择面料的环节,设计师在选定一些面料小样后,就要及时地与客户进行沟通,确定最终采纳的制服面料,如果不进行沟通，想当然的进入样衣制作环节，其设计方案可能会最终被全部推翻。每一个沟通交流的关键决策都应该以一种固定的方式确认，可由制服公司归纳总结后以书面形式给客户签字确认，双方需尽可能地跟进完善，这样就避免了后期反复修改的过程，缩短了工作时间，节约了成本。

二、沟通交流的重要阶段

制服项目进行到不同的阶段时，双方沟通交流的内容和重点也有所不同，大体上分为设计稿阶段和制作阶段，这两个阶段是项目的重要分界点，这其中的每个环节都要多注意、多交流。

（一）设计稿阶段

设计画稿是设计师从设计意图到产品完成的中间环节，是一种意在传达设计意图的表达工具，是一种设计手段，因此，设计画稿要能够清晰、准确、完整地表现制服的穿着效果和结构工艺，通常以服装效果图和服装款式图组合的形式展示。但是大多数客户对设计稿并没有预想的常识，这时的设计沟通就是向客户表达和解释你的想法，要让平面的款式在客户心中形成一定的联想，包括联想起该面料、该色彩所带来的美观性与舒适性等。经过多次的沟通和修改后，对设计稿进行最终定稿，定稿其实就是一种隐形的合约。

在双方的交涉过程中，设计稿阶段的准备工作越完善，其意图表达也就越充分，企业的疑虑就越少，信任度也就越高。高诚信度的制服企业注重定稿的内容，将定稿纳入审核的最重要部分，在后期制作生产中严格按着定稿的各项细节去实施，这是有利于制服公司发展的，是市场重组和变革中的必然趋势。在当前供大于求的势态下，制服公司的"诚信度"已被越来越多的企业所关注。

（二）样衣制作阶段

设计稿的定稿只能称得上"纸上谈兵"，图稿与实物穿着在身上的效果毕竟还是存在差别的。在制服制作的过程中，制服设计师要通过沟通把制服款式、理念以及目的明确地传达给客户，同时也倾听了解他们的想法和需要，通过双向的交流，最终不断地调整和互相适应并达成共识，从而完成制服样衣及相关的各方面工作。但设计师所面对的绝大部分客户并没有专业的服装学习经验，初期的设计稿带给客户的只是平面化的绘画信息，客户没有完整的成衣联想概念，有时可能会在看到样衣后提出异议，认为样衣与设计稿有偏差，这时，设计师应运用自己的专业知识跟客户进行讲解和引导。

此外，样衣制作的沟通阶段决定一套制服的初始品质和穿着舒适度，也决定了制服的工艺和档次。如：在胸前缝钉刺绣公司标志的徽章，或用具有企业特色的定制纽扣、丝巾、领带等，这些细节看似简单，却直接影响着制服的品质感，但这些一定会在预算上带来增加。沟通的效果是建立在如何说服客户相信此设计会带来视觉上的全新感受，让客户相信此设计的可行性、创造性，以及可以为该企业带来更大的无形利益，从而让客户采纳这些设计创新点。样衣阶段可以有选择性地让员工试穿制服，毕竟他们对自己的工作岗位最为熟悉，员工也可以穿着制服出现在工作环境中切身的感受制服，以便对制服的面料、版型和款式细节提出合理化建议来增加制服的舒适性。这种利用服装实物进行交流沟通，具有直观、真实的优点。

第五节　产品生产

制服产品的生产是指从打样衣到确定大货生产、排料裁剪、组织流水生产、质检、包装入库。主要分为样衣和大货两个阶段，期间涉及的部门和人员要比设计阶段更为复杂繁琐。

一、样衣阶段

样衣的制作是夹在设计图完成之后和生产最终大货之前二者之间的重要阶段，是保证制服产品质量，提高生产效率必不可少的环节。

（一）样衣的制作

确定了备选的制服平面款式后，就要通过制作样衣，将平面的构思转化为立体的实物，样衣是在工厂的样衣间完成的，样衣工需要依设计师的设计意图，按照拟订生产程序，模拟生产，根据不同面料性质和款式制作样板并构思最佳的制作工艺，在制作中记录每道程序的各项数据，并提出建议，以便最终制定大货的生产程序。样衣制作要求尺寸准确，相关部位轮廓线准确吻合，尽可能忠实于设计方案，如果有必须改动之处，应该及时与设计师商量，在征得后者同意之后，方能进行改动，并且要把改动的内容做好书面记录。样板上应标明制服的款号、部位、规格、丝绺方向及质量要求，并在有关拼接处加盖样板复合章。为了保证后期的生产，样衣一定要制作到最后确定的参数，这对于制服的大货生产是至关重要的一部分。

（二）配饰的确认

配饰是为了完善制服视觉而存在的，它依附于制服的整体，可根据整体而进行相应改造。一套制服相关配饰的设计与制作，更重要的是从美观性和工作性质出发，甚至要考虑到职业工作对象的心理感觉因素。配饰的完善不容忽视，在服装制作完成的同时，还要完成相关领带、领结、丝巾等配饰的制作。若不考虑职业的性质和具体环境，片面强调耐脏，或不适应地强调素色，都是欠妥当的，而且容易形成制服色彩单调的现象。搭配这些细节配饰看似琐碎，但往往起到画龙点睛和提升品位的作用。这样一来，既丰富了制服的色彩又使这些款式制服明显地区别于其他企业，更具识别性，进而充分地体现了企业自身形象。

（三）封样

客户拿到样衣和配套的配饰后要查看服装效果与预期的是否有差距。除此之外，制服区别于时装最重要的一点就是制服是针对性强、穿着性强的服装，所以对样衣的检查还要深入考虑样衣制作出来单件的效果与设计风格的一致性，以及预想整个公司内部人员全体穿着效果，如发现了问题，要及时对样衣做修正。如对样衣认可，客户将进一步检验制服的款式尺寸是否准确、缝制工艺是否达到要求、样衣的面辅料材质和颜色等细节。确认各项指标准确无误后，就此双方签字封样，这也就成为了客户和制服公司大货检验和生产的标准。在制服设计的案例中，不乏因为封样不注意，将错误的样衣封存起来，这样会对后期的大货生产造成严重的后果，形成不必要的经济损失。

二、批量阶段

在一定时期内，一次出产的、在质量、款式、面料、工艺上完全相同制服的数量是不确定的，根据每款制服每次投入生产的数量可分为大批量生产、中批量生产和小批量生产三种。在这个阶段，加工厂负责人将进行制服加工过程中的工艺讲解、质量处理、工位安排和技术沟通等生产技术的指导性工作。在具体生产中每一步工序都有专门的工人操作，有条不紊的完成每一件制服的生产。（图4-3）

图4-3　制服批量生产时，需要在质量和时间的控制上做好控制工作

（一）技术安排

制服加工厂根据客户需求制服量的具体要求，按照最终确认样衣的技术要求，安排制服的生产。有些制服公司自身没有生产能力，会将制服产品外发委托加工，在这个过程中，制服设计师应经常对正在加工的制服检验，确保制服批量生产的质量完善无误。在整个生产过程中的每个环节都有负责人专门解决和完成相关程序中出现的问题。

1. 排料工

排料工人的工作是根据每款制服的加工数量和规格要求，负责计算所用衣料的多少和衣片的合理节省排列。现在很多加工厂都采用电脑软件进行排料，方便快捷。

2. 裁剪工

裁剪工人的工作是严格按照排料的要求和面料的特点，对面料和里料进行开片、对位及分包处理。对于一定数量的面料，要把面料一片片地对齐叠好，放在自动裁剪机上把面料按要求的尺寸裁开，准确省时。

3. 指导工

指导工的工作是以样衣和加工工艺单为技术标准，在生产线上，对车衣工进行具体而详细地生产工艺指导，并及时发现制作中出现的工艺错误，同时即时修正。

4. 车衣工

车衣工人的工作是按照加工工艺单的要求，全部正确完成各个零部件和整个衣身的缝制工作。

5. 熨烫工

熨烫工人的工作是负责制服缝制时对分缝、归拔、粘衬等熨烫和制服入库前的整形熨烫，不同的面料和部位熨烫的方法也不同。

6. 修片工

修片工人的工作是对经过局部缝制或复衬、归拔等熨烫处理后可能变形的衣片进行精确对位修正。

7. 辅助工

辅助工人的工作是负责完成对制服产品的对位、锁边、锁扣眼、钉纽扣、修整线头等手工工序和后道加工工序。对于大批量的制服来说，这个环节是繁复的，需要工人手工完成，是保证制服品质的重要细节之一。

8. 质检工

质量检验工人的工作是对完成加工的制服进行随机抽取，然后进行观察、测量，并将结果与规定的质量要求进行比较，以判断每项质量指标是否合格。

(二) 计划安排

保证制服加工生产的重要性，应该将每个环节都完善到最佳状态，注重生产过程，将每个步骤都视为重要环节，以毫不疏漏的态度应用到生产中，合理的安排项目中各类制服款式的生产顺序，保证制服成衣的生产质量和交货时间，这才是制服企业能在强手如云的行业中创造更多的价值，脱颖而出的制胜法宝。一些公司只注重制服产品的数量和前期设定，没有预测和考虑到具体生产时可能出现的问题，生产过程中缺乏计划性、协调性，使制服交货时间得不到保障，导致整个项目功亏一篑，损失惨重。因此，加工厂应有能力正确选择批量大小和合理确定批量的间隔生产期，这对提高批量生产的经济效益十分重要，通常大批量生产比小批量生产节约原材料，减少机器设备和工具的更换时间，工人能够比较长期地从事一种作业，易于提高劳动的熟练程度。但是，批量并不是越大越好。如果批量过大，会造成生产周期长，原材料、半成品存储量过多，从而要占用较多的资金和较大的生产面积，影响经济效益的提高。加工厂要经济合理地组织批量生产，根据社会需求、市场预测、产品成本、机器设备利用状况等多种因素，确定合适的批量生产计划。(表 4-7)

表 4-7　上海××企业识别服(衬衫)生产计划表

品名:男女衬衫(三件短袖、两件长袖/人)

单　位	职工人数	数　量	面料到厂时间	开裁加工	后道质检	包　装	交　货
宝山分厂	3 111	15 555	2009-12-20	2009-12-25	2010-01-15	2010-01-20	2010-01-28
浦东分厂	2 400	12 000	2009-12-20	2009-12-25	2010-01-20	2010-01-28	2010-02-02
奉贤分厂	5 000	25 000	2009-12-20	2009-12-25	2010-03-02	2010-03-06	2010-03-09
南汇分厂	964	4 820	2009-12-20	2009-12-25	2010-03-05	2010-03-09	2010-03-11

三、包装入库

我国国家标准 GB/T 4122.1—1996 中规定，包装的定义是:“为在流通过程中保护产品、方便贮运、促进销售，按一定技术方法而采用的容器、材料及辅助物等的总体名称”。[①] 制服生产结束后，包装工人会按照合同中产品包装的要求，进行制服单件和成箱的最终包装，包装不仅在运

① 资料来源: http://baike.baidu.com/view/49001.htm? fr = ala0_1_1

输过程中起保护制服的作用,而且直接关系到制服产品的综合品质。随着全球大力提倡低碳环保,在制服行业也应关注可回收利用的绿色包装材料,即在满足包装功能的前提下,尽量减少垃圾的产生量,从而呈现包装薄膜轻量化的发展趋势。

一些较大制服公司采用的入库、出库等处理系统是先进的物流配送系统,由物流配送中心组织货物入库的信息系统,包括预订入库和实际入库:①预订入库是物流配送中心根据制服采购订单上的入库数据确定,主要是为实际入库做准备。预定入库打印的定期入库数据报表,可以为材料使用、入库装卸搬运、设备安排提供依据。数据主要来自采购订单上的预订入库日期、入库货物品种、入库数量等;②实际入库是物流配送中心仓库实际发生的货物入库,实际入库作业发生在加工厂交货之后,输入数据包括采购订单号、加工厂商名称、货物名称、货物数量等,可通过输入采购订单号来查询货物名称、数量是否符合采购内容。然后由仓库保管人员指定卸货地点及摆放方式,仓库保管人员验收后将人库数据输入并存入数据库。

四、库存

为了保障后期补单的准时生产交货,很多制服公司都存在库存量的问题。这些信息应详细地记录好,使制服公司掌握库存面料和制服的具体情况和规划,包括货物名称、规格、数量、仓库、批号等数据分类,以保证一个合理的库存水平,便于今后对客户的需求作出快速反应。制服公司应对库存数量控制和库存量规划,来避免因库存积压过多或过少短缺而造成损失。库存数量的管理与控制依赖于库存数据,因此需要进行库存盘点。一般有两种盘点方式:定期盘点及循环盘点。定期盘点以季、半年或年度为盘点时间;循环盘点则在普通工作日针对某些货物进行盘点。

第六节　售后服务

优质的售后服务是品牌经济的产物,名牌产品的售后服务往往优于杂牌产品。名牌产品的价格普遍高于杂牌,一方面是基于产品成本和质量,同时也因为名牌产品的销售策略中已经考虑到了售后服务成本。在市场激烈竞争的今天,随着消费者维权意识的提高和消费观念的变化,企业在选购制服公司时,不仅注意到制服产品实体本身,而且在同类产品的质量和性能相似的情况下,更加重视公司所提供的售后服务。因此,制服公司在提供优秀制服产品的同时,向客户企业提供完善的售后服务,已成为现代制服公司市场竞争的新焦点。

一、送货发货

对于客户急于需求的制服,一般服装入库后就会立即出库,这样可减轻仓库的作业量,也便于加快仓库周转,提高配送效率。立即出库还需与派车系统连接,以便及时安排出库用车。货物立即出库后及时进行出库数据处理,打印出库单据和报表。出库后送货的详细地址应提前与客户联系,通常制服公司负责安排运输送货,按规定时间送到指定的地点。制服送到后,接收方应按照单据认真核对制服的品名、款号、数量,准确无误后方可抽样,按照样衣的标准检验制服的外观质量、规格、数量、包装、内在质量、标识等项目，出现检验不合格的制服产品，客户方应在规定时间内通知制服公司，并有权要求返修。验收发生争议，应将其交付权威检验机构按国家标准的检验标准和方法对产品进行检验。当客户方的接收人收货确认无误后，要在送货通知单上签字，送货通知单由制服公司保留。（表 4-8）

表 4-8　制服送货通知单

送货通知单							
生产单位：			送货单位：				
送货单位地址		市　区　路　号(近　路)					
送货时间	年　月　日　时　分						
送货联系人			电话				
送货品名	规格	数量	备注	签收人			

当客户员工达到一定数量时，制服分发的工作将相对繁琐。能够将制服准确地发放到每个员工手上，也是制服公司应该做好的工作。制服公司应安排相应的人员随货一起，到企业指定的交货地点协助企业进行制服发放工作，要做到有条不紊、稳中有序。国内部分专业制服公司已采用先进的物流配送系统，即制服公司将服装按客户的总部、分部、部门职务、岗位等分别编号并将制服直接发送到终端客户手中，终端客户有任何问题，例如服装尺码有误、衣服大小不适宜、服装质量问题等，都可直接与制服公司联系，进行快速的调换。

二、个别调整

在与企业签订合同时，制服公司要根据企业制作制服的数量、质量、价格等因素来协商一个双方都认可的返修标准和数量。因为制服的成衣化生产毕竟还是有别于时装和单人定做，员工体型和制服板型是允许有适当范围的调整和偏差的，如果偏差过大，比如西装系不上扣、或上衣肩部明显过宽等，这就要对制服进行修改甚至重做。但有些员工对制服这种批量化的产品期望又过高，希望自己能得到一套与自己身型非常合体的制服，并在细节上挑剔一些毛病，面对这些情况，制服公司要坚持返修的标准和数量，掌握主动权。

三、搭配手册

一套制服至少有 3 件以上的单件服饰，部分配饰较多的制服，更有大于 5 件的单件服饰，对于帽子、领带、领结、围裙、章肩等配饰，它们都具有美化外观和标识身份的作用。为了便于员工正确穿着和搭配制服，制服公司应将制服的款式、配置、穿着规范、注意事项等制成制服手册，即《制服穿着搭配规范手册》，方便不同岗位的员工了解自己制服的配置及穿着要求。它应当被视为企业规章制度的一部分，并贯穿于整个企业的运作之中。（图 4-4，图 4-5，图 4-6，图 4-7，图 4-8，图 4-9）

图 4-4　上海民航中专学生着装规范手册(部分)

图 4-5　上海民航中专学生着装规范手册(部分)

图 4-6　上海民航中专学生着装规范手册(部分)

图 4-7　上海民航中专学生着装规范手册(部分)

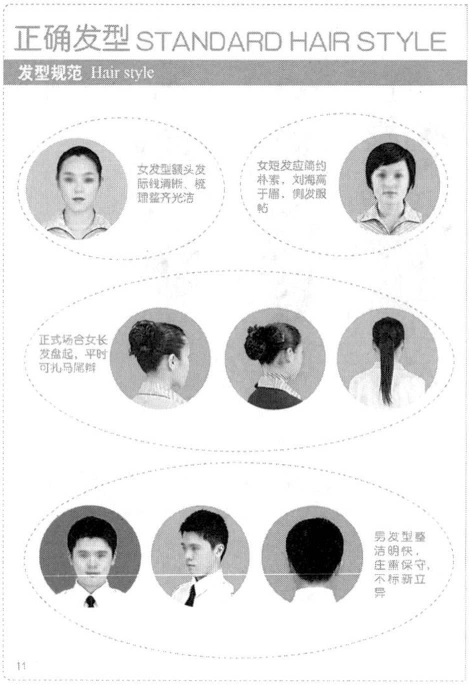

图4-8　上海民航中专学生着装规范手册(部分)

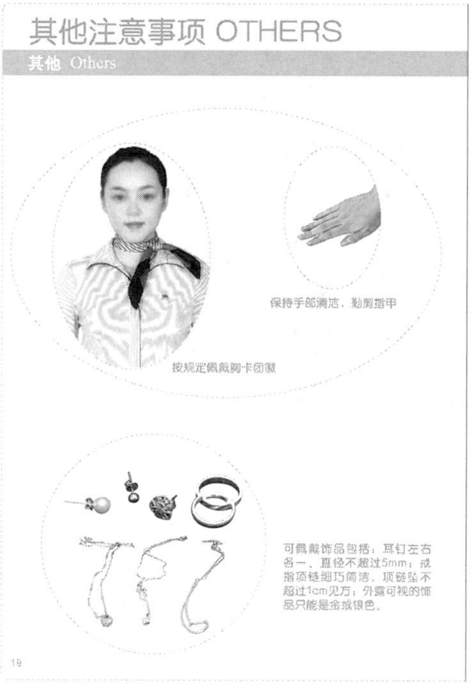

图4-9　上海民航中专学生着装规范手册(部分)

四、保养维修

一般来说，制服的保质期为半年或一年，一个月内发生质量问题，免费予以解决。制服本身的标识上要注明面料成分和洗涤方式，客户方应严格按照制服公司提供的洗涤方式进行洗涤，在洗涤方式中要说明：干洗还是水洗、洗涤温度、洗涤剂(碱性、中性、酸性)的选择；脱水方法(甩干和拧干)；熨烫的方法及温度等。(表4-9)

表4-9　××酒店制服洗涤说明

××酒店制服洗涤说明

按制服制作工艺、面料特性，对这次交给贵酒店的制服洗涤要求作如下说明：

第一洗涤要求：

1. 可干洗或水洗。水洗时水温不能超过30℃(最好冷水洗)，洗后熨平(低温熨)。
2. 洗涤请选用中性洗涤用品，不可漂白。
3. 制服上凡有金属链与金属扣装置的，洗涤时必须用锡纸将其包住，以免损坏、脱落。切记！

以下制服适用以上的洗涤方法：

① 宴会厅服务员长裤(男/女)
② 保安、门童短袖套装
③ 旋转餐厅领班西服套装(男/女)
④ 大堂酒吧服务员套裙

（续　表）

第二洗涤要求： 1. 只能干洗，熨时温度适宜； 2. 制服上凡有金属链与金属扣装置的，洗涤时必须用锡纸将其包住，以免损坏、脱落。切记！ 以下制服适用以上的洗涤方法： ① 宴会厅服务员中式上衣；（男/女） ② 中餐厅织锦缎镶拼背心（男） ③ 大堂酒吧调酒员织锦缎背心（男/女） ××制服设计公司 ××年××月××日

五、补货承诺

制服公司会对企业方所选定的面料，在一定时期内留有相应数量的备料，这是制服公司实力的表现，方便随时为企业新进员工进行补单，优秀的制服公司应有力的保障企业着装的统一。一般情况下，制服公司给出承诺的补货时间为15～20天左右。快速的补货也是项目竞争的优势之一。制服公司得到企业需要补货的具体信息后，要先对系统的库存数据进行确认，确定属于缺货时，应尽快安排生产。

本章小结

本章通过对制服项目相关环节的分析和研究，发现了制服设计与其他门类服装设计的不同之处。在制服市场发展渐趋成熟的今天，制服公司之间展开了激烈的人才、质量、价格等方面的竞争，那种仅凭价格低廉就能在竞争中稳操胜券的简单竞争方式已被多层面的竞争方式所取代，其制服产品的市场占有率也已成为评判公司在同行中是否具有竞争力的最集中体现。制服公司应该做到以下四点：保证有好的制服产品设计和成品质量；具有竞争优势的产品成本；按合同及时交货；售前咨询服务及售后维护、升值服务。层层把握好制服项目相关的重要环节，即为客户能够提供独占性的制服产品和一流的服务，才能够赢得竞争。

思考与练习

1. 在签订制服合同时双方应注意哪些重要事项？
2. 制服设计过程中与客户保持沟通和交流的重要性在哪里？
3. 制服在产品的售后服务方面应注意哪些方面？

第五章 制服设计执行

从服装本身的感性因素看，制服设计的艺术性是将构成服装艺术美的造型、色彩、材料、工艺、流行等进行综合考虑和审美，用制服与饰物来美化衣着者的形态，尽现其优美的体态特征，同时凸显企业特色形象。制服设计的执行就是将制服的艺术性转变为现实，它是将制服的艺术性与实际效果融合的环节。本章节从制服设计师的角度出发，深入解析制服设计的执行过程，包括制服的款式设计、色彩设计、材料设计、细节设计等。制服设计的执行是一个短暂而深刻的过程，它让制服的艺术性与现实效益得到最完美的结合，通盘考察和研究职业着装的对象、场合、目的、职业性、心理、生理需求，按时按质量的完成制服设计的每一个环节。如何才能提出项目的最佳设计方案，让制服达到最完美的效果，执行的这个过程是至关重要的核心。

第一节 制服的款式设计

制服的款式设计包括了与制服款式相关的一切内容，比如造型设计、结构线设计、装饰工艺和元素的运用等方面，涉及的细节和变化有很多，不同的组合会带来不同的制服风格，这就需要设计师根据具体项目进行具体款式设计。

一、制服款式的造型设计

制服款式的造型设计是制服带给人们的外在风格感受和特征，包括制服款式的廓形设计和局部设计。

（一）制服款式的廓形设计

制服的廓形是制服款式造型的第一要素，外廓形的设计决定了制服造型的主要特征，制服的外形结构轮廓线可以从外形上率先给人的潜意识里植入企业的第一印象。制服廓形的线条不但本身要有美感，还应根据不同岗位特征产生或柔软、或硬朗的变化，有助于形成或优雅、或稳重、或亲切的制服风格。这里我们从制服穿着后适合人体身型的角度上出发，将制服的廓形设计简单概括为紧身型、合身型和松身型三大类：

1. 紧身型

紧身型制服是以人体自然形态为依据而形成的服装造型特征。通常选用具有一定弹性的面料，突出线条感，给人视觉上的动感。紧身型廓形在设计时要注意胸部、腰部和臀部的曲线塑造，制服线条尽量贴合人体，可留有0.5～1.5 cm的松量。紧身型制服最大的特点在于强调穿着者的身材，它适用于礼仪、商品促销、产品展示等相关行业制服。比如在一些汽车展销会上，各汽车经销商除了比拼技术外，更是会在活动中邀请模特前来助阵，“香车美女”共同展示，模特们为了更好的搭配流线型的轿车多穿着紧身型制服，很好的体现了穿着者姣好火辣的身材，与汽车产品互相衬托，吸引购买者的眼球，成为展会上的焦点。但是紧身型制服在设计时也应注意穿着的场合，做到强调制服应有的特性，满足工作的需要即可，而并非一味地强调其紧身的特征，影响到工作时的操作性。（图5-1）

图5-1 黑色紧身的长裙制服体现了车模的性感、高贵

2. 合身型

合身型制服是按人体的自然形态，对人体不足的部位通过服装的垫肩、收腰等方法进行掩盖或调整。合身型制服是制服设计中最常见的廓形款式，设计时要注意各部位穿着后的松量，

在保证穿着美观的前提下，它与身体的松紧量是最为舒适的，适合正常工作情况下的人体伸展度。因此，合身型制服应用在大部分企业单位的各种岗位中，体现出大方得体的制服风格。（图 5-2）

图 5-2　在员工制服中出现最多的合身型制服

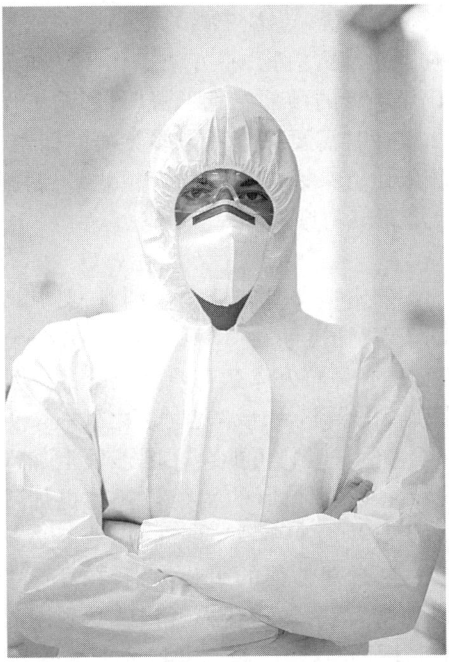
图 5-3　“全副武装”的无菌实验室人员

3. 松身型

松身型制服指的是相对宽松，便于四肢舒张活动的制服。松身型制服的标准是按人体的基本形态为基准，在服装一些部位加大普通标准的尺寸来形成松身型的廓形特征。设计时根据具体的工作情况在具体部位的放松量通常为 8 cm 以上，以适应工作时的肢体活动，方便工作人员做大角度的运动。松身型制服主要用于特殊行业的制服，在设计上需要配合职业的工作需要，比如防菌服、手术服、消防服等防护型制服。（图 5-3）

（二）制服款式的局部设计

制服款式的局部设计是构成制服款式的重要细节内容，包括衣领、门襟、袖子、口袋等。进行局部款式设计时，应注意细部设计布局的合理性，以实用性为主导。既要符合结构原理，又要符合美学原理，以此加强制服的装饰性与功能性。

1. 制服的衣领设计

衣领是制服整体造型的重要组成部分，它是连接了头部与身体的视觉中心，衣领的变化也是制服设计的重点之一。制服的衣领是针对制服的款式和穿着者的工作性质进行设计的。选择适合的衣领，然后在衣领的大小、长度、宽度等范围做具体调整。这里我们将制服常用的衣领大致分为无领和装领两大类。

（1）无领

无领指的是衣身上没有加装领的领子。其领口的线型就是领型，无领是最简单最基础的一种领型。无领设计对服装领口与人体肩颈部的结合要求很高,越来越多的制服公司运用时尚的搭配手段设计出款式各异的无领制服。制服中的无领设计应更加强调实用性与美观性的统一,比如领线太低或太松,员工在低头弯腰时容易暴露前胸,不方便工作。领线太高或太紧又会让穿着者的颈部感觉不舒服,影响工作效率。设计师在设计时需要综合考虑多方面的因素,选择最适合的领线位置来表现制服的无领效果,制服中较为常见的无领形状有圆形和V形等。

① 圆形领

圆形领指的是领座造型呈圆形领口的领形,其造型特点是线形圆顺。圆形领是基本顺着服装原型领窝线作变动裁剪而成的,是与人体颈部自然吻合的一种领形。制服的圆形领设计区别于常见时装之处在于更简单,代表性更强一些。时装可能会在圆形领上加入蕾丝、花边等设计元素,将领形的特征衬托的更加明确。然而在制服设计中这种繁复的考虑都是不必要的,制服是功能性强,针对性强的服装类别,在设计中每一个元素要求更为直观,能够让人直接感受到制服的整体效果为佳。圆形领对于形状大小的要求很高,不同的大小也有不同的视觉效果,小巧的圆形领制服会给人体贴细致的视觉效果,而宽大圆形领的制服给人亲切柔和的感觉。因此,制服设计中的圆形领多应用于西餐厅服务员、蛋糕店服务员、酒店客房服务员、美容师等客服功能性强、需要带给顾客亲切感的行业。(图5-4)

图5-4 圆形领制服简洁大方,给客户带来轻松亲切的感觉

② V形领

V形领指的是领座造型呈V形领口的领形,其造型特点是底部呈尖锐的锐角,所以给人以严谨、庄重的感觉。改变领子的大小宽窄,会使制服有不同的风格倾向,但是制服与常规时装有着明显的区分,制服设计师应从项目的根本出发,来设计每一个小的细节,同时要避免出现与常规时装思维模式相碰撞的情况发生。过于低开的大V领和裸露的前胸在常规时装思维模式中,通常会被认为是性感和挑逗,这在制服设计中是尽量不可取的。随着制服设计师们的设计手法日渐成熟,这种领型渐渐地出现在一些白领和时尚职业阶层的制服设计中,其中小V领制服显得秀气,大V领制服则显得大气。(图5-5)

图5-5 V型无领制服简洁大方,带给人们大方庄重的感觉

（2）装领

装领指的是领子与衣身分开单独装上去的衣领。装领是制服设计中最常用的一种领型，制服中装领设计显得比较传统和保守，装领可以使制服款式显得更加正式，装领不同形状的运用是设计的关键，要考虑到员工的岗位职能和工作性质，有时装领在工作时还起到防护的作用，保护颈部和防止灰尘的进入。常见的装领有立领、翻折领、驳折领等。

① 立领

立领是直立在脖子周围的一种领形。它是一种具有中国传统服装特色的领形样式，显得比较含蓄内敛，因其固有的中国传统感，很多需要体现中国传统服装特色的制服都会采用立领作为制服设计元素的重要部分，针对立领的高低、大小、色彩等造型特征上的改变进行设计。（图 5-6）在 2008 年北京奥运会中，礼仪制服的设计也多次运用到了立领设计，领座的宽窄、领角的方圆、领缘的装饰都是设计的重点，中式的立领配以西式的肩部设计尽现中国女性落落大方的高贵气质，成功的向世界展示了鲜明的中国特色和民族风格。另外，采矿、建筑等行业的制服，劳动强度大且易受气候和有害物质的影响，领型往往也采用立领的设计起到防护的功能，也可选用罗纹等延伸性大的针织面料来改善衣领对颈部的触感，使立领的舒适性更强，不影响工作时颈部的活动。

图 5-6　立领的设计给制服带来了内敛、时尚的中国风格

② 翻折领

翻折领指的是领面外翻的一种领形。有加领座和不加领座两种样式，带有领座的翻折领制服显得正式，不加领座的翻折领制服更加舒适。有些公交车司机、清洁工等职业的夏季制服会采用没有领座的翻领衬衫，这样在工作时就可以减少流汗时的不舒适性。翻领的外形线变化范围非常广泛自由，领角造型的变化和翻领宽窄幅度都是翻折领的设计要点，设计师应该根据行业和企业的需要去做相应的调整。（图 5-7）

图 5-7　这款客房清扫员的制服采用了翻折领，领边加花边设计，领角呈圆弧形，给客人温馨、柔和的感觉

③ 驳折领

驳折领指的是在翻折领的基础上增加一个与衣片连在一起的驳头的领形，是西装制服上运用最多的一种领形。驳折领的形状由领座、翻折线和驳头三部分决定。驳头向上为枪驳领，是一种较为正式的领形，枪驳领的制服具有严谨大方的风格特点，比如一些高档酒店中以“为所有客人提供24小时的专业管家服务”而闻名。即从客人入住的那一刻起，酒店贴身管家会全程陪伴客人，为客人打点一切，他们的燕尾制服的领子多采用这种领形，给客人一种传统、专业的感觉。驳头向下则是平驳领，一般管理层人员、领班等员工制服的西装多为平驳领，比较大众化，给人稳重、平和的感觉。此外，驳头与驳领接口的位置、驳领止口线的位置对领形都会产生很大的变化和影响，小驳折领的制服比较优雅秀气，大驳折领的制服比较端庄大气。根据不同风格的制服对此有着不同的设计要求，一直与世界顶级时尚设计师携手的大韩航空员工制服，凭借融合了沉静自律的韩式优雅和现代元素引领着航空业的流行趋势，在2008年，大韩航空进行了14年来的又一次换装，女乘务员制服以天蓝色和浅褐色为基本色调，西装外套采用的驳折领设计给人以端庄时尚的感觉，与大韩民族的传统气质十分稳合。（图5-8）

图5-8　2008年换装至今的大韩航空空姐制服

2. 制服的袖子设计

袖子是从服装袖笼到袖口位置的长度范围。袖子具有保护上肢和美化制服的功能，是制服设计中不可或缺的一个部分。袖子的长短、肥瘦以及袖口是设计的重点，要根据员工穿着的季节以及工种和职业特点进行设计。衣袖的造型有很多变化，根据制作工艺的不同，在制服设计中常见的衣袖有装袖和连身袖。

（1）装袖

装袖指的是在臂根围处与大身衣片缝合连接的袖型，也称圆袖。装袖是基本的西式合袖形式与肩袖造型，袖肩立体造型感强，造型线条圆润优美，它是制服设计中最为常见的袖型，袖子与大身的服帖程度较好，活动时松量适宜，不会产生过多的折皱而影响美观。如果是从事设备装配工作的服装，袖子不宜过短、过瘦，以方便完成攀、登、拉等作业动作，必要时在袖的臂关节处加活褶，增加活动松量。制服设计中基本的西服、衬衫、夹克等款式的袖子多采用装袖。（图5-9）

图5-9　制服衣袖中应用最为广泛的装袖，穿着后相对服帖、舒适

（2）连身袖

连身袖指的是袖子和衣身连裁的一种袖型，也称平袖。是中国、韩国等亚洲国家古代传统服装采用的袖型。现代服装中的连袖与传统做法不同，在制服中通过新的工艺使袖形上具有相似连身袖的斜肩效果，腋下的皱褶为了美观的考虑也做了减少的处理。比如在 2005 年韩国釜山 APEC 峰会中 21 位领导人的礼仪服装，外套有七种不同的颜色，服装上的图案在古老的东方文化中象征着忠诚、永久、自由等。其袖子就借鉴了传统连身袖的设计，整套服装舒适优雅，充分表达了大韩民族的传统精神。（图 5-10）

图 5-10 2005 年韩国釜山 APEC 峰会中领导人的礼仪服装，借鉴了韩国传统服饰的元素，采用了连身袖的设计

3. 制服的门襟设计

门襟在服装行业泛指服装在人体中线锁扣眼的部位。门襟是制服装饰中较为醒目的部位，它和衣领、衣身的设计互相衬托、互相呼应。如果从穿着方式上分类，制服门襟的设计可分为前开式门襟、侧开式门襟和背开式门襟三种样式：

（1）前开式门襟

前开式门襟指的是制服的门襟位置在上衣的前身。大多数制服都采用前开式门襟的设计，体现了办公制服的常规形式，符合现在人们日常的穿衣习惯，方便工作中的穿脱，前开式门襟中常见的有叠门襟和对襟两种。比如前面提到的大韩航空空乘人员、我国人民警察等很多岗位的制服都是前开式门襟，变化了的是领口的高低、纽扣的数量和位置以及衣身下摆的弧线等细节，从而给制服带来不同的风格变化。

（2）侧开式门襟

侧开式门襟指的是制服的门襟位置在上衣的侧身。一般传统旗袍的门襟就是这种形式。因其非常具有中国民族特色，是现代制服中传统元素的主要运用手法。在 2008 年北京奥运会所有的室外球类比赛以及香港马术比赛的颁奖礼仪制服中，选用的是层次丰富的绿色与牙白色丝绸面料完美搭配的“玉脂白”系列,其中捧花礼仪小姐的制服就是侧开式门襟的设计,突出了中国女性内敛、含蓄的特质。此外,一些中餐厅的服务员和迎宾员的制服也多采用这种门襟的设计,使餐厅环境更具中国风格,但为了穿脱方便和款式合体,在制作工艺上通常把侧门襟缝死,而在制服的后片装拉链,使制服前片有一个“假”侧开式门襟。

(3) 背开式门襟

背开式门襟指的是制服的门襟位置在上衣的后身。相比较前两种门襟它在穿脱上不是很方便,其特点是便于前身的操作,前身没有纽扣、拉链等物件,操作时无障碍,适合于特殊的工作岗位,确保了工作质量,提高了安全性,主要用于医疗卫生、生物工程等职业制服。比如医院大夫手术时穿着的防护服,因为在手术时医生会用到手术刀、镊子等器具,如果前开门襟的话很有可能在手术时器具钩住衣服的纽扣或系带,影响了操作,甚至给病人带来危险,采用背开式门襟的设计使得服装前片无障碍,则避免了这种情况的发生。

4. 制服的口袋设计

口袋是制服中方便放置一些工作中使用工具的物件。在工作时口袋不应呈张开状态,以防止被扯挂或遗失东西。一般袋口处都加上袋盖、钉扣、拉链,但在设计时应考虑取放工具的方便性。口袋从外形上看多种多样,有大有小,有立体的有平面的,制服中常用的有贴袋、挖袋、风琴袋等。

(1) 贴袋

贴袋也叫明袋,指的是单独一片或几片贴在衣服裁片的外表缝制而成。制服中贴袋的设计主要集中在大小和位置的变化上,贴袋设计会给制服带来年轻、休闲的感觉,起到一定的装饰作用,前面介绍的大韩航空空姐最新换装的制服口袋就是采用的贴袋,并加有袋盖的设计,使新制服显得更加时尚。此外,贴袋也是学生制服中常用到的一种口袋形式,比如美国、韩国、日本等国家的经典学生制服多是采用贴袋的设计。

(2) 挖袋

挖袋指的是挖口由切开衣身所得,袋布放在衣服里面的口袋。挖袋是西装、马夹制服中常用的口袋形式。其中袋口嵌线有双嵌线和单嵌线两种,双嵌线袋制服显得稳重大方,单嵌线袋制服显得简单精致。银行、证券等金融行业和政府管理人员制服的口袋多采用这种双嵌袋和单嵌袋的设计。

(3) 风琴袋

风琴袋指的是边沿装有似手风琴风箱伸缩形状的口袋。风琴袋增加了口袋内的容量,袋边的风琴折可以给口袋带来比普通口袋更大的容量变化。这种风琴袋常常用在维修工装裤和工程制服的设计中。因为在工程维修人员工作时,口袋里最好能够随身放一些小工具,这样工作起来操作更为方便,这种风琴袋的合理运用就满足了他们的需求。

二、制服结构线的设计

制服结构线的设计是制服穿着版型和线条美化的重要部分,具有一定的装饰性和实用性,包括了制服省道线的设计和制服分割线的设计。

(一) 制服省道线的设计

人体并非单纯的圆筒形体或球体,而是一个有着丰富变化,既复杂又微妙的立体。省道线用于整合制服的松量比例,省道的形式要遵循制服款式整体设计的要求,可以单个进行设计,也可以集中进行设计。它们构成服装结构线的同时还具有了相应的装饰性和功能性,影响着制服成品的外观。

1. 女性制服

在女性制服的设计中,省道是为了更好的塑造女性的身材,以适应某些行业制服的需要,体现穿着者的曲线美感。

(1) 胸省

它是塑造女性胸部造型的省道,以女性乳房最高点为中心,可以向四周展开成许多放射线。但制服与时装不同,不需要非常复杂,在设计时存在着规律性。根据制服的不同需要收省的位置也不同,胸省主要分为腰省、肩省、领省、前中缝省等。

(2) 背省

女性的背部虽不如正面那么凹凸有致,但也有一定的曲面。背省可以根据背部曲面进行塑造,使制服的背部看起来更服帖、更美观。背省主要分为肩背省、腰背省、腰臀省。

(3) 臀位省

臀位省是女性制服下装的重要省道,又叫腹位省。女性的身体特点是腰部较细、臀部较宽。因此需要在腰部、臀部、腹部作适量的省量,使得裙装和裤装在腰臀部合体美观,在实用性方面,有些企业员工年纪较大,腰臀尺寸属于特殊规格,需要在臀位省上做相应的调整,使制服满足她们的穿着舒适需求。

2. 男性制服

女性身材的曲线感很强,所以女装制服中的省道一般分布在女性曲面上,达到收拢多余面料,凸显女性身材的作用。但男性的体型宽厚平坦,因此男性制服的省道主要是为了塑造制服的外形,对于实现合体精良的版型起着重要的作用,同时兼具装饰的作用。通常男性制服中的省道多为直线造型,分布在腰部、背部和臀部。男性制服在胸省、背省、臀位省上要求基本与女性制服一致,暂不赘述。

(二) 制服分割线的设计

分割线属于服装结构中的一种,它是一种服装造型的手段。在面料与面料的连接和分离处,都存在这样或者那样的分割,以此形成分割线。通过分割线可以使制服获得更新的利用空间,不同的分割线可以调整从制服局部到整体的重新创造。在制服设计中较为常见的分割线设计有直线分割和曲线分割,就其表现形式而言,它们是不一样的,在视觉传达方面的效果也有所不同。

1. 直线分割

直线分割又包含横向(水平)分割、纵向(垂直)分割和斜向分割。

(1) 横向分割

横向分割可以通过肩线、胸围线、腰截线、臀围线、膝盖线、脚踝线来进行水平分割,同时也可以用疏密不均却平行的横向分割来表现,就像"水手衫"一样,重复的水平线会有拉宽的视觉效果。横向分割线使制服表现出的是一种舒展平和、安静沉稳和庄重的静态美,特别在男装制服设计中,肩部、背部和腰部可以采用横向分割,衬托出男子汉的沉稳形象。

(2) 纵向分割

纵向分割在制服设计上的应用也很广泛,它可以通过乳凸点和背凸点附近形成通天省线,也可以通过肩颈点和肩点向前后作分割。反复的垂直线有上下拉长的感觉,在实际着装时,带有纵向分割的制服会使女性看上去修长、窈窕,使男性具有权威、严肃之感。

（3）斜向分割

斜向分割是由直线分割向曲线分割过渡的中间环节。斜线本身具有推进、纵深的动感,具有方向感。在制服设计中运用斜向分割会产生一定的节奏感,学生的运动制服中多采用斜线的分割,体现青少年的活泼与朝气。

2. 曲线分割

有直线就有曲线,曲线和直线二者是相对而言的。服装是立体的雕塑,人体也是一个三维的空间。要围绕人体包装出最佳的着装效果,曲线分割是不可忽略的。曲线分割的表现力较强,它可以把女性的迷人身材概括成几条精练柔美的曲线,许多制服上除了“公主线”以外,其他合理的符合人体活动的位置经常可以看到这样的分割,特别是在一些礼仪类制服中,曲线分割的运用使制服穿着后更为柔美贴合。

三、制服装饰工艺的运用

装饰工艺是用面料、线、针及其他相关材料和工具,通过精湛的技法与服装造型结合,从而达到美化服装的目的。巧妙地选择适合制服风格需要的装饰工艺,可以提升该制服的附加值和美观性。

（一）褶裥

褶裥是将布料折叠缝制成多个有规律、有方向的褶,然后经过熨烫定型处理而形成装饰的一种工艺方法。褶裥外观富于立体感,有宽窄之分,可以根据具体设计要求灵活运用,增加制服的细节感,如在衬衫胸前压细褶装饰,给人整齐、端庄、大方的感觉。此外,褶裥还可以使制服具有一定的放松度,以适应人体活动的需要。通常酒店行李员和房务清扫员的制服后背会设计一个褶裥,因为他们在搬运行李和整理房间、铺床单时,手臂和背部的动作较大,普通制服会显得过于紧绷,影响舒适度,那么后背的这个褶裥就增加了服装的活动松量,提高了工作效率。（图 5-11）

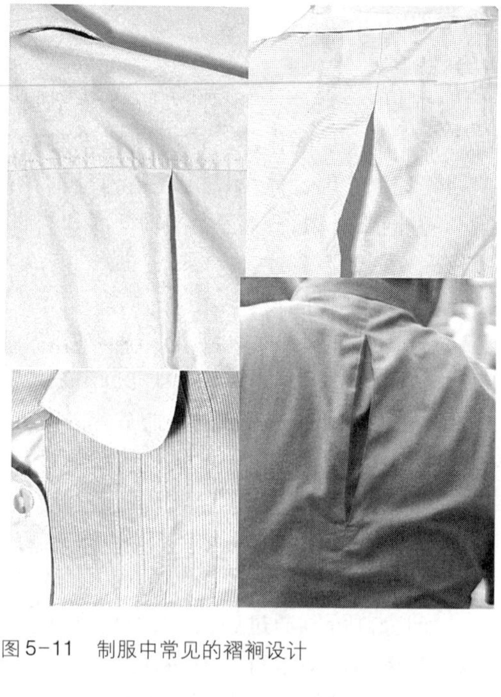

图 5-11 制服中常见的褶裥设计

（二）刺绣

刺绣是将设计的图案在面料上用彩线绣制而成的一种工艺方法。以前绣花都是工人看图手工进行的,这种制作成本和制作时间是非常不适用于制服生产的,自从有了电脑绣花机后,工人可以短时间内将绣花在电脑操控下顺利完成,电脑刺绣大大降低了制服的制作成本,缩短了制作时间,适应了制服批量性的生产特点。在制服设计中最常见的是刺绣企业 LOGO 在制服或帽子上,既起到了装饰作用,又对企业起到了宣传作用,让员工更加规范自己的行为。（图 5-12）

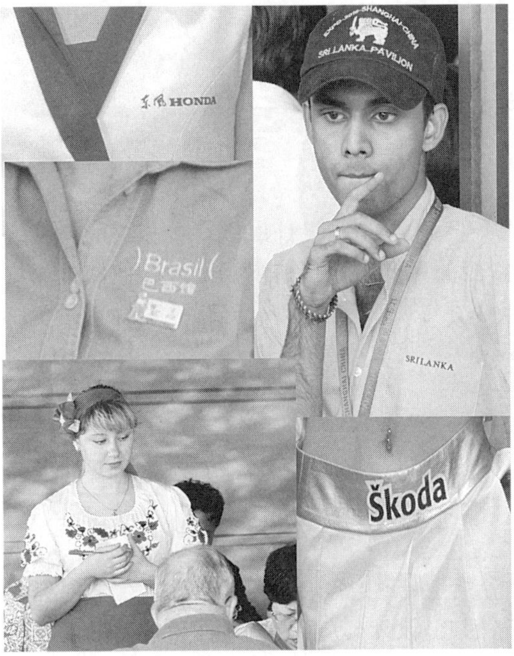

图 5-12 从成本上考虑，刺绣在制服中所占的面积是很小的，通常情况是将企业 LOGO 和名称刺绣在制服或帽子等装饰物上，以此达到宣传企业文化的作用

图 5-13 制服中常见的几种镶边设计

（三）镶边

镶边是在服装边缘处拼缝相应宽度面料装饰的一种工艺方法，在体现中式元素的制服中多运用镶边工艺。镶边的位置多在领边、门襟、袖口、口袋处，可用与制服同色或异色的面料相拼缝，镶边的宽度通常在 0.5～5 cm 左右。细巧的镶边显得制服精致细腻，较宽的镶边突出制服的装饰性。（图 5-13）

（四）嵌条

嵌条是在服装的边缘或分割线中间嵌上带状条布装饰的一种工艺方法，也可在条布里面夹进绳带，使其外观更具立体感，嵌条装饰效果富有层次感。嵌条裁剪时通常采用不易变形的经向纱料，如果缝合处弧度较大，可采用 45 度斜裁，使嵌条保持圆顺服帖的效果。嵌条多用在领口、门襟、袋口、袖口等部位，特别是在一些旗袍的款式中，嵌条的运用是不可缺少的。在设计时，嵌条的色彩可与制服色彩相同，本色嵌条的装饰使制服显得含蓄大方，相反，异色嵌条的装饰使之显得醒目活泼。（图 5-14）

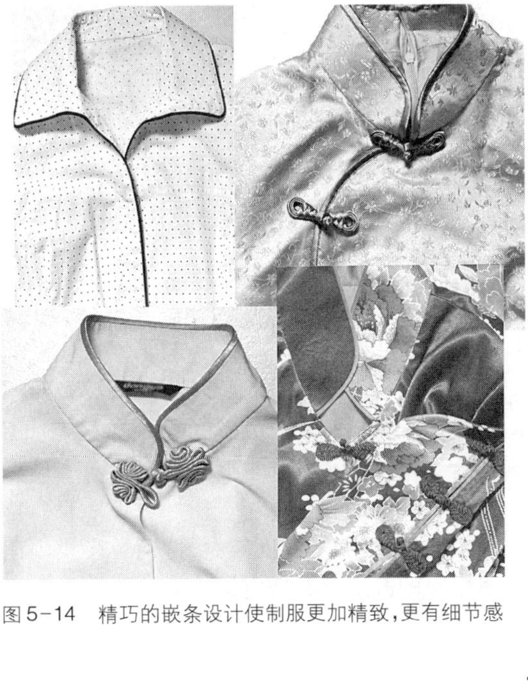

图 5-14 精巧的嵌条设计使制服更加精致，更有细节感

第二节　制服的材料设计

制服的材料设计是制服设计中最具实用性的一个要素，也是与设计成本直接相关的一个要素，由此可以看出制服的材料设计在制服设计执行阶段的重要性。目前市场上适合做制服的材料有很多，人们对面料的舒适性、安全性、健康性、环保性等要求越来越高，这里我们针对每个季节不同的特点分析一些常用材料的特点和使用规律。

一、制服常用的面料和辅料

大多数制服设计师从事常规的男女制服设计时，对制服材料的选取还是大众化的普通的面料和辅料，对这些常用面料和辅料的了解是制服设计师最基本的技能之一。

（一）制服常用的面料

制服设计中常用的面料有很多，每种面料的克重、手感、耐磨度、缩水率等指标在不同程度上都影响着制服的整体外观和穿着性能。（图 5-15）因此，设计师应当对制服面料的纤维种类、纱线捻度、染色方法、织造结构等有所了解，并不是所有的面料都适合任何岗位在任何时间穿着，季节特征和工作性质是影响着制服面料选择的主要因素。

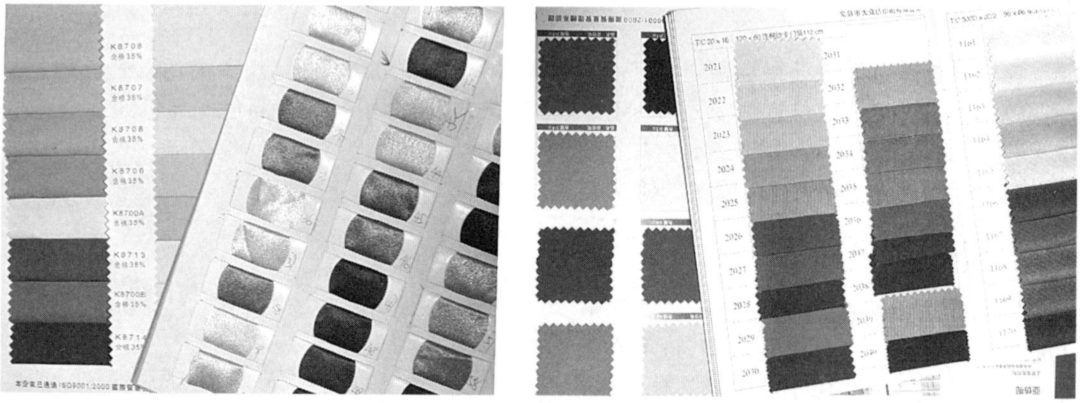

图 5-15　如何运用面料做出好的制服设计，是对设计师能力的一种考验

1. 季节特征

在制服行业里，人们通常把制服分为三个季节，即夏季、春秋季、冬季。企业通常会根据不同岗位的需要按三季来分发制服，不同季节的制服会用到不同的面料，这些面料的特点和使用规律需要设计师了解和掌握。

（1）夏季面料

夏季气候闷热，湿度较大，特别是在我国南方一些城市，室外气温可达 39℃，在这样的环境下对面料的舒适性有一定的要求。

① 使用规律

夏季制服多采用透气性强的面料,含棉面料在夏季制服中使用最频繁。虽然全棉面料柔和贴身、吸湿性好、透气性好。但它的缺点则是易缩水、易皱,外观上不大挺括美观,在穿着前必须熨烫,平时打理起来很不方便,不能满足制服的特性需要,并不适用做制服的面料。如果在棉布里面加入适当比例的涤纶,既突出了涤纶的优势又有棉织物的长处,做到在干、湿情况下弹性和耐磨性都较好,尺寸稳定,缩水率小,具有挺拔、不易皱折、易洗、快干的特点,使制服的整体质量更上了一个层次。此外还有一些化纤和薄型精纺面料也是夏季制服设计中常用的面料。

② 常用种类

较为常见的用于夏季制服的面料有涤棉衬衫布、牛津纺、色丁、多宝丝、凡立丁、粘胶纤维等。涤棉衬衫布是涤纶与棉混纺纱经纬织制而成的面料,外观上有细斜、平纹等,面料图案多种多样,具有布面光洁、手感滑爽、耐穿透气、挺括免烫、易洗快干等特点,是制服衬衫面料的首选;牛津纺是外观有横竖细纹肌理的一种棉织物面料,其手感柔软、易洗快干、穿着舒适、风格独特,因为最早牛津大学的学生制服衬衫采用这种棉质布料而命名;色丁做为化纤面料其光泽度和悬垂感较好,手感柔软,有仿真丝效果,色丁系列产品中较为常用的品种要数"弹力色丁",布面带有弹性,使面料的伸缩性较大,具有较好的缎面闪光视觉效果,在一些产品促销的制服中经常会用到色丁面料;多宝丝做为化纤面料其表面有一种丝麻的肌理效果,布面轻微起皱,易洗快干、耐磨,有黑色、白色、彩色条纹图案等,其中彩条色彩艳丽醒目,多用在餐饮服务行业的制服;凡立丁是精纺呢绒中质地较轻薄的品种,外观除平纹外,还有隐条、隐格、条子、格子等不同品种,呢面光洁均匀、不起毛,织纹清晰,质地轻薄透气,色泽以米黄、浅灰为多,光泽自然柔和,手感滑挺,具有抗皱性,透气性能好,悬垂性好,穿着舒适,主要用于公司企业的中级以上管理层或从事对外联络及交际工作的员工制服;粘胶纤维做为化纤面料其质地较柔软,透气性较好,不易起皱、吸湿易干,特别适合用做夏裤面料。

(2) 春秋季面料

春季和秋季气候宜人,温度适中,这两个季节所穿着的制服配置相同,选用的面料应穿着舒适且具有一定的保暖性。

① 使用规律

春秋季制服的面料更是多种多样,价格差别比较大,要根据不同企业的制服款式和经济情况进行选择。纯棉、全毛的面料不易打理,一些含棉、含毛和化纤的面料都是春秋季制服面料的首选。多选用舒适且织物紧密的面料,穿着挺括、易打理,使面料的特性与制服的外观、实用性完美的结合起来。

② 常用种类

欧纺呢抗皱、不起球、不扒丝、不变形,穿着滑爽舒适;维宝呢织纹平整、手感柔软、穿着舒适、耐磨,具有一定的抗静电功能,这两种面料有较好的吸湿透气性能,很适合做夹克款式的制服;贡丝锦表面光洁细腻,是精纺毛感制服面料,手感滑挺、悬垂性好、光泽自然柔和,做出来的西装制服看起来比较高档;全棉纱卡布面较厚,定型稳定、吸湿耐磨,风格休闲,适合做工程、维修类部门的制服;毛涤面料是以羊毛和涤纶混纺纱线织制成的织物,价格较贵,是高档套装制服的首选面料,面料中毛混纺比例通常占10% ~45%,这样既可保持羊毛织物的优点,又能发挥涤纶的长处，不易变形，质地滑爽，外观高雅大方、挺括庄重，风格经典。

（3）冬季面料

冬季气候寒冷干燥，在我国一些北方城市，室外的温度可达 -30℃，在这样的环境下对面料的保暖性就有了一定的要求。

① 使用规律

冬季制服的面料主要是指用于大衣外套，需要有较好的保暖性，含有羊绒的面料和棉、羽绒的填充料使用频率最高，当然在价格方面也是普遍高于夏季和春秋季制服面料。随着科技的进步和发展，越来越多的先进面料，越来越轻薄、保暖的填充材料也成为冬季制服面料的新选择。

② 常用种类

羊绒面料手感柔软、高雅挺括、保暖性强，但由于羊绒含量的多少，使它的档次高低区分较大，上等的羊绒面料价格较贵，为了降低制服的价格成本，可根据需要加入羊毛以及其他纤维的羊绒织物。羊绒大衣常用在航空空乘人员、高档星级酒店门童、铁路乘务人员等行业职位的冬季制服配置中，显出穿着者挺拔潇洒、高挑优雅的气质；羽绒棉由不同规格的超细纤维经过特殊工艺生产制造，因质似羽绒，故称为羽绒棉，填补了市场羽绒替代品的空白，具有轻薄柔软、保温好、不易变形、易于缝制、洗涤方便等优点，但价格仅为同等克重羽绒的三分之一左右，是性价比很高的冬季制服材料；羽绒是长在鹅、鸭腹部的绒毛，由于羽绒是一种动物性蛋白质纤维，比棉花保温性高，且羽绒球状纤维能随气温变化而收缩膨胀，产生调温功能，可吸收人体散发流动的热气，隔绝外界冷空气的入侵，保暖性好但成本较高；涂层面料是一种经特殊工艺处理的面料，利用溶剂或水将所需要的涂层胶粒（有 PU 胶，A/C 胶，PVC，PE 胶）等溶解成流涎状，均匀地涂在布料上（有棉，涤纶，锦纶等基材），然后再经过烘箱内温度的固着，使其在面料表面形成一层均匀的覆盖胶料，从而达到防水、防风、透气等功能，常用做羽绒服面料，可以防止羽绒跑绒。

2. 工作性质

本书第一章制服概述中对制服进行了深入的分析，如果从工作性质上去理解制服，我们将制服划分成职业制服、职业工装和职业防护服三类，这三类制服因为出现在不同的工作环境，其面料选择的条件也就不同。

（1）职业制服的面料

职业制服的穿着者包括：商业性企业（工厂、商场、航空、银行投资、旅游、餐饮、娱乐、宾馆酒店等）；执法行政与安全部门（军队、警察、法院、海关、税务等）；公用事业与非赢利性机构（科研、教育、学生、医院等）。这些行业的制服与外界接触的机会很多，涉及的很多岗位都是对外服务的窗口，制服面料的选择要符合穿着者的身份，适合穿着者的工作。同样是酒店制服，三星级和五星级酒店对制服面料的要求就不是一个标准，同一个酒店里，总经理和前台接待两个职位对制服面料的要求也不同。因此，职业制服面料的选择需要综合考虑很多因素，如美观、成本、功能、职能特征、部门特征、行业特征等。

（2）职业工装的面料

职业工装的穿着者包括一线生产工人和户外作业人员等。他们体力劳动付出较多，身体与服装之间经常相互磨擦，工作时身体可能会经常出汗，户外工作者还要受阳光紫外线的照射，出于这些实际因素，职业制服中的很多面料都不适用于做职业工装。职业工装面料的选择应既具有适应穿着者的职业活动又要满足安全性、舒适性等特殊工作环境的需要，着重考虑面料在使用性方面的特点。比如机电工人、修理工的制服多选用质地紧密厚实，具有吸湿透气、抗皱性能好、耐脏耐磨、防静电等功能的面料。

(3) 职业防护服的面料

职业防护服的穿着者包括在一些特殊环境中工作的人员，比如太空、核反应堆、火灾、生化实验室等，特别强调制服对人身体的安全保护。这种工作环境完全不同于我们日常所看到的、所接触到的，甚至是常人难以想象的，稍有疏忽就可能造成工作人员的伤亡，万万不可马虎。因此，职业防护服面料的选择和研发并不是任何一家制服公司都有能力掌握的，它的研制、使用和改进需要一个长时间的过程。比如航天服从近代1961年在美国问世后，经过逐步地改进，发展到目前的航天服面料由特殊防静电处理过的棉布织成的舒适层、橡胶质地的备份气密层、复合关节结构组成的主气密层、涤纶面料的限制层、通过热反射来实现隔热的隔热层、最外面的外防护层组成，其中躯干处达到7层，最厚的是挂包有20层。

3. 定制面料

虽然市场上现有面料的品种和花色成千上万，但与每个企业文化联系的并不紧密，有些企业为了突出制服的专属性，不惜成本，专门定制属于自己的独一无二的面料来制作制服。比如英国设计师布鲁斯·奥德菲尔德(Bruce Oldfield)为英国1 200家麦当劳餐厅设计了全新的员工制服，女性服务员将身穿图案衬衫配时髦黑色半裙，还有相配套的棕色领巾。新制服的最大看点是特别设计的装饰图案，它们酷似Louis Vuitton的logo。设计师表示自己并非故意为之："我本想使用金色M标志，但是麦当劳公司不允许，所以我必须重新设计。我觉得这个图案既时髦又现代，与Louis Vuitton毫无关系。"①

(二) 制服常用的辅料

1. 里料

常见的制服里料主要有涤纶塔夫绸、尼龙绸、绒布、各类棉布与涤棉布等。里料使制服穿脱滑爽方便、穿着舒适、外观平整挺括，而且增加了服装的厚度，起到了一些保暖的作用。在制服设计中，选用里料的颜色应与面料相协调，里料颜色一般不应深于面料，里料应光滑、耐用、防起毛起球，并有良好的色牢度。此外，汽车司机、维修电工等行业应避免用化纤类里料，因为在工作操作中手臂和身体频繁摩擦，容易生成静电，与机器导电发生危险。此外，在航空等一些较为注重品质的高端制服中，设计师会对里料进行定制设计，将企业标志进行适合的重复排列，表达出一种来自内部力量以及员工之间的相互认同感，而且与定织面料相比，里料的定织、染色等加工成本要便宜的相当多。

2. 衬料

衬料是制服中的骨骼，能够增强制服外观和内在的强力，对制服造型起到了一定的塑造作用，使制服饱满美观。制服中选用的衬料包括衬布和衬垫两种，在制服的衣领、袖口、袋口、裙裤腰、衣边及西装胸部加贴的衬料为衬布，硬挺的衬料一般用于领部与腰部等部位，外衣的胸衬则使用较厚的衬料；为了体现肩部造型，一些西装和大衣会使用薄型垫肩，增加制服穿着后挺括饱

① 资料来源：http://www.cqvip.com/qk/97011A/200806/27402545.html

满的风格。

3. 主要连接件

纽扣和拉链不仅能把制服穿脱的地方连接起来,使其严密保温,还可使人仪表整齐,是制服装饰与实用不可缺少的辅料。除了市场上可供选择的多种多样的纽扣外,一些企业制服的纽扣是根据企业文化专门设计和制作的,使制服从细节之处对企业的形象起到宣传作用。此外,同样款式、不同材质的纽扣价格也不同,这就要根据制服成本的要求去选择;拉链在制服中的装饰性不强,更多的起到连接作用,其中树脂拉链较为常用。

4. 松紧带

松紧带是具有纵向弹性伸长性能的狭幅扁形带织物。它可以给制服的松量带来一定的弹性空间,其中机织松紧带质地较紧密,应用在制服的袖口、下摆、腰部和裤脚口部位,松紧带可以使这些部位适当收紧,更贴合人体皮肤,便于工作操作和防止灰尘的进入。特别在一些职业工装中,裤腰上的松紧带使裤子的穿脱比拉链纽扣更为方便;袖口的松紧带可以随意固定袖子在手臂上伸缩的位置,方便工作操作,还可以防止袖口刮蹭到机器;制服下摆和裤脚口处的松紧带可以收紧制服,起到防灰防尘的作用。

5. 罗纹布

罗纹布是双面圆机面料的基本结构,是由正面线圈纵行与反面线圈纵行以一定比例织成,属于针织面料,具有一定的伸缩弹性。一般用在制服的领口、袖口、下摆部位和T恤的翻领,有较好的装饰和收紧效果,与松紧带的功能相似,但比松紧带能更为舒适的贴合在人体。

(三) 面料与辅料的关系

制服的面料和辅料二者的关系相辅相成、缺一不可。面料是制服的表层材料,决定了制服质地的外观效果;辅料是配合面料共同完成制服的物质形态的材料,是保证制服内在质量和细节表现的幕后英雄。在制服设计中,虽然面料因其所占位置比较突出而显的更为重要,然而,品种繁多、阵容庞大且各具功能的辅料是绝对不能忽视的重要角色,巧妙地运用辅料能够让制服整体效果更加协调统一,实用功能性更强。与时装相同,制服中的面料和辅料都存在着品质与流行的问题,品质选择越好,制服成品质量越高。但在制服设计中一定紧扣经济实用这一特点,可根据各企业的实际情况、工作环境、工作性质来挑选最为适合的面辅料。

二、制服的特殊面料

由于工作环境的需要,制服特殊面料已是制服科技发展的重头戏,它们都是经过很多次科研实验得到的,使其具备保护人体在特殊工作环境中安全工作的功能,如阻燃、耐压、防酸、防碱、防油、防水、防紫外线、防辐射等。这里我们简单介绍四种较为常用的新材料。

(一) 防辐射面料

随着现代科技的高速发展,一种看不见、摸不着的污染源日益受到各界的关注,这就是被人们称为"隐形杀手"的电磁辐射。越来越多的电子、电气设备在使用过程中会产生各种频率的不同能量的电磁波。对于人体这一良导体,电磁波不可避免地会构成各种程度的危害。在这种环境下,工作人员会穿一种由防辐射面料制作的制服,以降低对自身身体健康的损害。

防辐射面料一般有两种:一种是在不锈钢细丝外包裹棉纱,透气性好,耐洗涤,由于金属丝电阻小,可屏蔽吸收电磁波;另一种是在布的表面镀有导电吸波的金属离子,这种材料防辐射性能可达 60 dB,但透气性耐洗性差一些。防辐射面料多采用喷涂工艺,即将金属漆喷涂在纺织布料上,形成片状屏蔽层。

防辐射服的优点是屏蔽效果好,可达 60 dB 以上,缺点是不透气,不能弯曲,较笨重,如同一块薄铁皮一样,若使用时间过长,容易造成皮肤过敏等副作用;第二代防辐射服采用镀膜工艺,使金属颗粒附着在纺织原料的经纬交叉点之间,形成点状屏蔽层,这种防辐射服屏蔽值可达 50 dB 以上,具有一定的透气性,但这种防辐射服金属颗粒易剥落,不能洗涤和揉搓,使用时间久了屏蔽值会下降,这种防辐射服也不适合直接与人体接触;第三代防辐射服采用金属纤维与纯棉纤维混纺工艺,也就是把金属抽成细丝,在面料内部形成网状结构,这种防辐射服的优点是透气性好、可洗涤,屏蔽效果不会降低,对人体无任何副作用,这种防辐射服屏蔽值在 30 dB 以上,适合长时间穿着,但是如果皮肤干燥缺水,此种布料碰到皮肤会有微微刺痒的感觉;第四代防辐射服产品是多离子织物,这种防辐射服采用吸收转化原理,将有害电磁波进行吸收并转化为热能散发掉,避免了二次污染,是目前国际上最先进的电磁屏蔽技术,同时由于织物中富含大量金属阳离子,可起到杀菌除臭的作用,有助人体表皮微循环,这种防辐射服还具有防静电、防 X 射线及紫外线等功能。而且这种防辐射服面料柔软舒适,耐洗耐磨,是最适合民用的防护材料,但目前价格较高;第五代防辐射服是金属织物,是采用电解的方法将铜、银渡到织物纤维的表面,这种防辐射服具较高的防辐射功能,可以达到 80 dB,但是不能水洗,只能干洗。

(二)阻燃隔热面料

阻燃隔热面料主要用在消防员的制服中,消防人员与死神周旋,面对危险奋不顾身的精神支撑源自于对生命的尊重。消防员的装备要求非常严格,它直接关系到消防员的人身安危。服装防护器具主要有避免消防队员受到高温、毒品及其他有害环境伤害的制服、头盔、靴、帽、眼镜等。

消防战斗服是消防员进入一般火场进行灭火战斗时为保护自身而穿着的防护服装,适宜在火场的"常规"状态中使用。消防战斗服的面料一般采用阻燃纺织织物。目前国外大多数国家如美国、法国、日本、英国等国都是采用芳香族聚酰胺纤维织物,这种织物具有良好的阻燃性能,较高的强力,较高的热稳定性,燃烧生成物的毒性极低,且具有一定的耐酸碱性能;诺梅克斯是美国杜邦的产品,诺梅克斯纤维有很好的热稳定性,在 377 度时不熔化,但会发生分解;克密尔是用聚酸胺—酰亚胺制成的,与芳香族聚酰胺同属一族,由于克密尔纤维表面平滑且横截面几乎呈圆形,所以其手感比其他聚酰胺织物更加柔软,克密尔也能阻挡化学物质,而且抗磨损能力强,热传导率比芳族聚酰胺纤维制成的其他织物低一半,能长时间承受 250 度的高温;凯奥斯是一种预氧化纤维,它是使聚丙烯腈纤维发生不完全炭化(这样可以使纤维具有耐火性)而获得的,能阻挡化学物质、热辐射和熔化的金属,并具有很好的热稳定性,炭化聚丙烯腈在 300 度时开始分解,但它在温度达到 550 度时才会发生自然分解,用聚丙烯腈织物制成的防护服,能短时间内在高温下暴露。

(三)防油防污面料

这种新型的面料是以碳氟聚合物为主,能够形成无缝的、看不见的保护膜,这层膜把织物纤维包裹起来，在功能放大剂的作用下与纤维牢固结合，使织物具有前所未有的功能稳定性，而织物的透气性、透湿性均不受影响，并使原本织物的各种性能得到优化。经过处理后的面料无毒、无刺激性，不含甲醛和重金属等毒副作用，安全环保，手感柔软，穿着更舒适。

这种“防污”概念和传统“防水”在科技上有根本的差异。传统“防水”是在组织表面加防水涂层（一般为橡胶），衣服穿着如雨衣，湿闷、舒适度差并且不利于排除汗水和水蒸气。而新型的防油防污面料改变了这一缺点，根据荷叶效应原理，利用水蒸气微粒和雨滴大小的极大差异，使织物具有液态水、油渍不容易渗透，并且在织物表面贴合孔径小于雨珠的多孔结构薄膜，从而使雨珠不能穿过，而水蒸气、汗液却能顺利通过，有利于透气。这种面料还具有抗机柴油倾复渗漏的功能，同时也防墨水、果汁饮料等液体的浸入。目前，这种面料已经广泛地适用于以棉、毛、丝、麻、绒、混纺、化纤等为原料的服装或纺织用品以及如地毯、沙发、汽车装饰、布类玩具、窗帘等工业用布之中。

（四）吸湿排汗面料

一些工作人员在户外活动时间较多，这类服装的面料既要求有良好的舒适性，又要求在大量活动时，一旦出现汗流浃背情况，服装不会粘贴皮肤而产生冷湿感。天然纤维以棉为例，当人的出汗量稍大时，棉纤维会因吸湿膨胀，水分发散速度也较慢，从而给人体造成一种冷湿感；合成纤维以涤纶为例，其吸水性小，透湿性能差，由于其静电积累而容易引起穿着时产生纠缠的麻烦，尤其在活动时容易产生闷热感。因此，提高涤纶吸水和透湿是各国涤纶生产和科研部门最为关心的研发方向。

目前这类面料主要是通过物理和化学改性，或两者结合的方法进行研发。比如特殊异形纤维，改变喷丝孔形状是提高纤维导湿性简单、直观和行之有效的方法。主要在异形纤维的纵向产生许多的沟槽，纤维通过这些沟槽的芯吸效应起到吸湿排汗的作用。美国杜邦公司生产的“coolmax”涤纶，其截面为独特的扁十字形，纤维表面纵向成四个槽，其次面积比常规圆形截面大20%，故排汗性能高于常规涤纶。聚合苯乙烯物共混或复合纺丝，将含亲水基的聚合物与聚酯切片混纺，同时用特殊设计的异形喷丝板生产吸湿排汗纤维，将涤纶切片和亲水性聚合物用纺皮芯复合成异形的吸湿排汗纤维。通常亲水性聚合物为复合纤维的芯层，而涤纶为皮层。亲水性聚合物一般是聚醚改性聚酯和亲水性改性的聚酰胺。这样的复合纤维有吸湿、导湿的作用，达到吸湿额度功效。接枝共聚，通过接枝共聚方法，在大分子结构内引入亲水基因，以增加纤维吸湿排汗功能。通常是引入羧基、酰胺基、羟基和氨基等，增加对水的亲和性。在原料改性的同时，还要有适当的纺丝工艺，使纤维具有多孔结构和更大的表面积等。日本东洋开发的会呼吸的涤纶织物“Ekslive”，它是通过将聚丙烯酸酯粉末（又称神秘粉末），与涤纶混纺纺丝获得吸湿排汗功能，通过吸湿排除热量，改善涤纶织物的饱和吸水性。

三、制服材料的选择依据

（一）功能实用

制服是常规性的服装，年复一年，日复一日，制服的穿着利用率比一般的时装要高，因此，舒适度高的面料会给穿着者带来更好的感受，对工作效率也有一定的促进作用。比如在炎热的夏季，面料首先要具有透气功能，能排出闷热的湿气，劣质面料则影响汗液的排出，汗液中的皮肤代谢产物会刺激皮肤发痒，发生皮肤炎症。长时间穿着会对从业者造成身体健康的影响。此外，为特种职业设计的制服，对面料就有更高的要求，除了舒适功能外，面料更被要求具有保护工作人员人身安全的作用。如电业工人在带电情况下进行操作的等电位服，面料必须采用相对昂贵的柞蚕丝、柞绢纱和金属丝并合加捻线织造，结构组织紧密，适合电工安全可在22～50万伏高压线带电作业。因此，功能实用是制服面料选择的内在需求。

（二）价格成本

制服的材料是制服产品成本的主要部分之一，由于材料的外观和成分不同，价格也就存在着差异，同样颜色但不同成分的面料价格可能会相差数倍。企业客户在消费制服产品时多希望“低成本运作”。因此，制服材料的选择就是控制制服产品成本的开始。当然，这也并不意味着制服产品选料越差越好，而是指在整体设计的宏观范围内尽量节约成本，使最终制服产品具有一定的价格竞争优势。因此，价格成本是制服面料选择的外在约束。

（三）视觉美感

不同的制服设计方案会根据不同的项目情况选择所需材料，对面料的质量和外观要求各不相同。根据制服的设计方案，不但要合理选择和运用衣料的感官性、实用性、保型性等特点，同时要研究织物表面所呈现的种种肌理效果与美感，使制服的实用性与审美性相结合，提升制服的品质。选料的时候应该在估计整体设计的情况下，根据企业的不同性质和不同要求，运用不同质地的面料，将制服的设计更加细致化、系列化。因此，视觉美感是制服面料选择的设计需要。

第三节　制服的色彩设计

色彩往往可能比图形和文字更能够对人的感官产生刺激，因此，制服的色彩也是企业VIS基础设计项目的重要环节，通过对制服色彩的设计和选择，企业既可以塑造良好的形象，又可以做为企业市场营销战略的依据。

一、制服色彩的心理联想

制服色彩的心理联想指的是人们对制服色彩产生的心理反应，也是人的视觉功能感受。基于自然生活与社会生活经验的长期积累，使得人们对每一种色彩的心理价值和表现价值作出了不同的判断。从某个角度来说，不同的色彩能使人的心理产生不同的心理联想。比如色彩有给人以兴奋与沉静的感受，这种感受在不同的环境中会给人带来积极或消极的情绪。它和色相、明度、纯度都有关系，红、黄、橙等颜色使人想到火、太阳而感到兴奋，代表了健康、温暖、快乐；蓝、青使人想到天空、海水从而感到平静，代表了成熟、细腻。应用在制服设计中时，如娱乐场所的制服则多用兴奋的色彩，让客人感到刺激、快乐，而医生、护士则采用安静的宁静色系，使病人情绪稳定、放松。再如色彩可以给人以富丽堂皇的华美感，也可能给人以质朴感。总的来说，丰富、鲜艳而明亮的色彩呈华丽感，单纯、灰度而深暗的色彩呈质朴感。此外，色彩的华丽、质朴与色彩的搭配有很大关系，一般对比强的色彩组合具有华丽感，对比弱的色彩组合呈质朴感，如酒吧会所等工作人员的制服可用偏华丽感的色系，行政、保险、银行等工作人员的制服宜用质朴感的色系；还有暖色、纯度高的色彩显得跳跃和活泼，冷色、纯度低的色彩给以严肃、庄重感，如一般学生制服的配色多活泼，以显示他们的朝气蓬勃和青春可爱；而庄重感适合于管理层人员的制服，以显示着装人的成熟稳重。

所以在进行制服设计的时候，要重视色彩对人的心理影响。穿着适合工作环境颜色的制服，能够使人心情愉快，提高工作效率。色彩的心理作用还能强化职业氛围，无言地规范了职业要求。

二、制服色彩的选择依据

（一）企业识别系统

CIS 即企业识别系统（Corporate Identity System）是一个企业为了塑造企业形象，通过统一的视觉设计，运用整体传达沟通系统，将企业的经营理念、企业文化和企业经营活动传播开来，从而使社会公众产生认同感和共同价值观的一种战略性活动和职能。[①] 导入 CIS 设计的制服对于企业来说，可以从内到外形成一种凝聚力和形象力，对内，全体员工身着规范统一、岗位明晰的制服进行各自的工作，忙而不乱、有条不紊，逐渐形成企业的向心力和凝聚力，以激励每个员工按企业的理念、精神去努力工作；对外，能够让用户、消费者、来访者通过对制服及其相应的产品、服务品质的形象产生好感和价值观的认同感，这无形中增加了企业的竞争优胜性。

此外，企业的标志性色彩已被广泛地应用于本企业的标志、广告、标语、商标、旗帜、建筑等各个方面。但随着视觉识别理念在企业的普及和深化，以及产品同质化概率的提高，企业单靠一种色彩的识别变得越发困难，所以选择制服的色彩时，可优先选择本企业的标志性色彩，以之作为员工制服的主色彩，并配以辅助色配合，更加突出企业的个性化包装，使企业的识别系统更为完善。比如大家很熟悉的 EMS 快递，也就是中国速递服务公司，是中国邮政集团公司直属的全资公司，主要经营国际、国内 EMS 特快专递业务，是中国速递服务的最早供应商，也是目前中国速递行业的最大运营商和领导者。公司拥有员工 20 000 多人，EMS 业务通达全球 200 多个国家和地区以及国内近 2 000 个城市。邮政的绿色和它企业标识性的蓝色、橙色和白色已经广泛地应用在员工制服、信封、广告、网站等，形成了一套完整的企业识别系统，快递人员就好像流动的活广告，使更多的人熟悉这个品牌。因此，企业识别系统是制服色彩选择的整体导向。同样，小到一个企业，大到一个国家，制服所承担的意义更为重要，比如在运动场上，我们通过运动员的穿着就能分辨出这个人或这支队伍是来自哪一个国家，四年一次的世界杯足球赛，其强大的感召力使每一个球队都拥有大量的球迷，球迷与球星的服装在色彩上的高度统一，使得标识色的作用发挥得淋漓尽致。（图 5-16）

（二）整体系列感

制服不同于一般的服装，一般的服装是由购买者自己来决定穿着的场合，但制服与其穿着人群和场合是不可分割的整体，一个企业所有制服的色彩要成系列感，并与穿着者所处的工作环境相协调。成功的制服色彩常常需要设计师敏锐的搭配感及系列感，以及精确地把握并加以

① 资料来源：http://baike.baidu.com/view/1093823.html? tp=1_01

上海世博会阿根廷馆工作人员制服

图5-16　作为2010年南非世界杯夺冠的热门球队之一阿根廷队，其国家的国旗为蓝白条，这个蓝白军团得到了越来越多球迷的宠爱，就连上海世博会阿根廷展馆工作人员的制服也选用了足球队服，这些都是以国旗的主体色进行延续

多种尝试，设计一套制服或一个系列制服时，要根据员工穿用场合、季节、配色规律等合理用色，选用什么色彩、什么色调、几种色彩搭配，都要经过反复推敲和比较，力求体现制服色彩设计的整体系列感。比如2008年北京奥运会颁奖礼服设计，女装十五款分为五个系列：系列一，“青花瓷”系列设计灵感取自世界闻名的中国青花瓷器；系列二，宝蓝系列采用温润典雅的宝蓝色作为礼服主色；系列三，国槐绿系列丝缎礼服寓意蓬勃朝气的生命和郁郁葱葱的环境，体现了与自然和谐发展的美好愿望及坚守“绿色奥运”的决心；系列四，“玉脂白”系列巧妙地呼应了奥运奖牌金镶玉的理念；系列五，粉红色系列以传统盘金绣工艺制作的宝相花图案腰饰，分割出完美的人体比例。每个系列礼服的色彩都与北京奥运会形象景观相协调，与颁奖仪式环境协调一致，在表现手法上突出“中国元素、民族特色、时代特征”，寓意深刻，为奥林匹克运动留下宝贵文化遗产。因此，整体系列感是制服色彩选择的细节需要。

（三）安全操作

有些职业的工作需要决定了制服的色彩，考虑到工作者的安全操作和工作环境，这些制服的色彩并不是随意采用，要根据具体的环境和一些经验常识来决定，这些制服色彩的运用通常已经成为国际惯例。比如救援人员的制服为橙色，在地震等灾害后的废墟中显得格外醒目，方便工作人员和被困者发现对方；各医院手术室的医护人员都穿着绿色制服进行工作，这是为了消除人眼的视觉互补造成的效应而采取的措施。人眼在长时间内观看一种色彩时，视神经易受刺激而疲劳，为了减轻这种疲劳，视神经就会诱发出一种补色做自我调节。例如，长时间盯着一张用鲜红色的颜色在白纸上绘制的表格之后，再转向另一张空白纸，你会发现这张白纸上出现了一幅和刚才一样的表格，只不过它的颜色变成了浅绿色。医生在手术过程中，眼睛看到的总是鲜红的血迹，时间一长，偶尔把视线转移到同伴的白大褂上，就会看到斑斑点点的血迹，使视觉产生混乱而影响手术效果。采取浅绿色衣料制作手术服，就可以消除绿色错觉，让医生的眼睛得以放松，从而确保手术的顺利进行。因此，安全操作是一些制服色彩选择的限制条件。（图 5-17）

图 5-17　浅绿色可以缓解医生手术时眼睛的错觉，对手术过程中的安全操作起到一定的帮助作用

（四）细节区分

一些大型企业工厂的部门和厂区较多，每个厂区负责一个生产环节。比如我国北方的一些重型机床厂，下面会划分出动力、设备、能源、铸造、机建等分厂，如果每个分厂工人的制服单从款式上去细分并不合理。一是工人制服中款式的变化其实就是细节的变化，远距离的话，很难让人快速地分辨出工人所属的具体车间，容易混淆；二是诸多的款式也增加了制服的成本，带来不必要的费用支出。设计师可以根据企业的岗位管理和每个厂区的特点来选择不同的色彩，使每个厂区的工人制服都有自己的专属色，区分起来也就方便很多。因此，细节区分是制服色彩选择的行业需要。

（五）行业传统

长期的行业经验积累和从业者相似的心理积淀，使得一些行业的制服色彩与行业之间形成了内在的联系。比如医护人员的白色制服，给人一种整洁的心理感受，也使病人有一种安全可靠的心理暗示；警察的蓝色制服，带给人们威严、沉着、冷静的感觉；厨师的白色制服，给人干净的用餐感受等等。这些制服的色彩具有抽象的符号化特征和严格的承传性，形成了国际惯例。（图 5-18）因此，设计师在进行制服设计时，除了要考虑工作环境、企业标志等客观条件外，还要考虑人们长期认知度的问题。当然，也有个别企业要求"独树一帜"、"反其道而行"，比如一些有个性餐厅中厨师的制服选用了黑色。总之，无论是延用行业传统色彩，还是颠覆传统，设计师都应根据企业的要求，有针对性地对待。

图 5-18 行业的传统色是多年积累形成的，在人们的意识里存在着强烈的暗示性，成为外界辨别行业工作类型的基本特征之一

第四节 制服设计元素的运用

在制服设计的过程中会有不同的元素相互运用、相互结合。不同的设计元素与制服设计相结合可以打破制服设计初始的单调，让制服设计更加新颖。在多种设计元素中，我们选取最为常用的两种元素即民族元素与时尚元素进行分析。

一、民族元素

近年来，民族元素经常被运用在制服设计中，这是文化相互融合的一个特征，也将我国五千年文明以及传统民族元素在制服中得到体现。此外，设计师对各民族元素的了解也越来越重要，如果不熟知民族风俗，不通晓国际惯例，在设计制服尤其是涉外酒店、企业制服时也许就会失之礼仪了。

(一) 民族元素的特征

各种民族元素使制服的设计艺术风格变得多姿多彩，诸如按地域、民族分类的俄罗斯风格、吉卜赛风格、日式风格、中国风格等等，形成如此众多鲜明风格的源泉就在于制服的民族性。可以说民族性是民族文化、民族意识、民族艺术的综合体现，它植根于民族文化，是该民族历史形成的传统文化特征，也决定着人们的生活习性、艺术风尚和服装民族特色。在东方民族中，制服基本造型和色彩普遍崇尚端庄雅致，偏爱沉稳、持重，在体现企业形象、注意独特 CI 视觉整体效果的制服中有着设计上的重要指导性。如服务行业常见的法式面包房、韩国烧烤、日式茶馆、中式餐厅，让客人一走进店里便迎来了浓郁的民族传统特色，从装潢到饰物，从家具到员工制服，一应俱全地烘托出其民族风格和品位。此外，民族文化与民族意识的积淀表现在民族艺术的各个方面，中国制服的民族性设计方法也可以从民族艺术的各个种类各个方面中发现。如我国传统的彩陶、青铜器、瓷器、建筑、书画艺术、传统的装饰色彩等等，无一不能引发制服民族元素的设计灵感，使员工制服既符合现代人的审美情趣和欣赏水平，又独具中华传统服饰文化之魅力，使中国企业更具有中国民族特色。

（二）民族元素的表达

制服设计艺术的民族性不应该局限在一些有限的代表性服装上，如提到日本式的服装，就只有宽大的和服；谈起中式的服装，似乎仅仅只有典雅的旗袍；而一讲起印度式的，则只能是披挂式的纱丽等等。这是一种比较大众化的定向式思维，制服的民族性如何表现在制服的设计运用上是值得研究和探讨的，民族文化的博大精深形成了民族服装的丰富性和多样性。上述的这些服装具有典型民族风格，但不是唯一的。试想如果所有国企酒店的迎宾服都只有旗袍款式唯一的选择，又怎能有各酒店的特色差别。因此，应注重从民族文化的“根”上汲取精华，而不是一些近乎皮毛的照搬。

在制服设计中照搬一点民族纹样，借用某一传统民族造型的方法是对民族元素的浅显图解，优秀的制服设计应在于对民族元素不露痕迹的自然流露，那才是民族性设计艺术的真谛。但如何与现代制服整体的廓形、色彩完美结合才是设计的重点。如 1972 年新加坡航空公司成立时，新航就聘请了法国高级时装设计师 Pierre Balmain 为空中小姐设计了一款采用蜡染面料制作的独特马来沙笼可芭雅服装作为空姐制服。这款服装后来也成为新航最著名的公司标志，也是新航品牌体验中一次独特的视觉体验，“新加坡空姐”代表亚洲价值观和盛情，她是亲切的、热情的、温和的以及优雅的，是新航服务承诺及优异的质量完美的人性化表现。“新加坡空姐”的形象可以说是非常成功，以至于 1994 年作为第一个商业人物陈列在伦敦的杜莎夫人蜡像馆。另外，阿联酋航空和印度航空的空姐制服也完美地融入了当地民族服装的特色。可见具有民族风格元素的制服在同一民族性的共同特点之下，其服装形式（款式、色彩、面料）完全可以并且应该是多样性的，这样才会形成制服风格的民族特色性。（图 5-19）

图 5-19　阿联酋航空公司空姐头巾的佩戴体现了该国家特有的民族风情

二、时尚元素

时尚是个包罗万象的概念，它的触角深入到生活的方方面面，人们一直对它争论不休。不过一般来说，时尚带给人的是一种愉悦的心情和优雅以及纯粹而不凡的感受，赋予人们不同的气质和神韵，能体现不凡的生活品位，展露个性。

（一）时尚元素的特征

我们意识到人类对时尚的追求促进了精神和物质生活更加美好。现在人们喜欢把流行（或时髦）称为时尚，而这种时尚的元素总是一个接着一个应接不暇。比如男性服装趋向中性化，衬衫中出现精致的细花边装饰；圆点图案和苏格兰格子的流行；铅笔裙的回归等。有些流行元素经过改良后也可以引进到制服设计中来，使制服的时装化逐渐成为制服设计的一个大趋势。呆板老套的制服已经被现代国际化企业所淘汰，越来越多的设计师为赢得企业的青睐，开始用敏锐的触角捕捉行业间时尚的细节元素，再经过整理设计反映在制服上，这让制服设计不但越来越充满时尚性，更充满了挑战性。（图 5-20）

图 5-20　随着社会的发展和进步，服装的审美角度也会随之发生变化，设计师应不断关注最新的制服和时装流行趋势

（二）时尚元素的表达

现今的企业对于制服时尚化的要求越来越高，希望制服的款式更趋国际化，配套种类更趋多样化，消费更趋品牌化、个性化。这种形势为制服的发展注入了无限的生存活力，为制服品牌“时尚个性化”发展提供了广阔空间。制服设计师的作品既应当与众不同，又不宜一味追逐时尚；既应当体现出本企业的特色，又不可为了标新立异而以奇装异服的面目出现。比如被称为“美国最性感的航空公司”——猫头鹰航空公司，这家航空公司只有六架飞机，在美国的 15 个城市间提供正规民用航班服务和临时包机服务，目的主要是用猫头鹰航空公司来为他的猫头鹰连

锁餐馆做广告，其空姐的制服突破了常规的设计，采用了紧身T恤和热裤的搭配，非常大胆火辣，款式相当性感和时尚，色彩明快。此外，在商品促销业和一些特殊活动的制服设计中，对制服的时尚化要求相对较高，设计师应针对具体情况把握好时尚的尺度和元素。（图 5-21）

图5-21　上海通用汽车概念车展示车模，制服为时尚的香槟金色，服装发散式的分割线是设计的亮点

本章小结

本章较深入地剖析了制服设计过程中感性和理性的设计思维。作为一名优秀的制服设计师，应该认清该行业的发展方向，在设计时尽可能地探索企业客户的发展优势，站在一个更有力的角度，将制服设计融合进企业文化之中，对企业进行全方位的个性化包装，从而使企业在同行业中突显出来，通过高品味的制服把客户的企业文化完美地展现出来。在民族性与时尚性的结合上与时代同步，在制服设计的每一个过程中与时俱进，将推动制服行业和企业的发展作为设计的最终目标。

思考与练习

1. 制服的款式设计应从哪几个方面着手？需要注意哪些问题？
2. 不同季节穿着的制服在设计上应注意哪些方面？
3. 如何理解民族元素和时尚元素在制服设计中的运用？

第六章 制服的配饰设计

配饰的不同搭配决定了制服某个方面的差异性,正所谓细节决定成败,高品味的配饰设计可以提升制服的整体效果。进行设计之前要先了解这个企业的整体形象、内涵精神以及整体制服设计的方案,以此作为配饰设计的参考标准。从功能性的体现来说,根据配饰的属性可以将制服配饰分为以下两种类型:一种是装饰型配饰,一种是实用型配饰。装饰型配饰在制服中的装饰功能更加突出,起到提升制服美感的作用,丝巾、领带、领结是制服中最常见的装饰型配饰。实用型配饰主要突出实用的功能,比如帽子、手套、徽标和工号牌等。这些配饰看似微乎其微,但在实际用途中它发挥的作用不可小视,是制服设计中不可缺少的一个部分。

第一节　丝巾

在古希腊时代的缠布服装中就能找到类似丝巾的痕迹，可以说丝巾的历史就是从一块布开始，丝巾最初并不作为装饰用，而是以御寒为主要功能，十六世纪中期以后，原本的保暖功能逐渐被装饰所取代。发展至今，各式新旧的丝巾系法使丝巾已成为一些行业必备的最具变化性的制服配件之一。

一、丝巾的设计

丝巾的设计从需要考虑的几点要素来看，丝巾设计与制服设计应相呼应，丝巾的款式、色彩、面料、图案是丝巾设计的主要内容。（图6-1）

图6-1　2010年上海世博会，很多展馆工作人员的制服都搭配了丝巾，丝巾的设计紧紧围绕着国家和展馆的特色进行的，为制服增色不少

（一）丝巾的款式

丝巾的款式多种多样，从规格上进行分类有：小方巾（通常为58 cm × 58 cm左右）、大方巾（通常为90 cm ×90 cm左右）、长巾（通常为190 cm ×80 cm左右）。基本上所有国家航空公司的空姐制服都加入了丝巾的装饰。比如大韩航空空姐配戴的浅蓝色和米白色丝巾；日本JAL航空空姐配戴的蓝色丝巾；英国维珍航空空姐配戴的红、蓝、白三色丝巾等等。设计师根据制服搭配的需要选择合适的丝巾尺寸和相应的扎系方法。

（二）丝巾的色彩

丝巾的色彩设计无异于服装的色彩，都是需要严格遵循色彩规律。丝巾色彩的选取应参考制服的色彩，使得制服和丝巾成为一个整体，突出协调的美感。从色彩上讲，丝巾有单色、多色之分，多色一般不应超过三种色彩。常用来搭配制服的丝巾主色彩有红色、蓝色、紫色等，不同色彩的丝巾与制服搭配会给人带来不一样的视觉感受和心理体验，另外，同款不同色的丝巾也常用于企业内部的岗位识别和职能区分。

（三）丝巾的面料

丝巾面料的选用通常会参考成本的预算和客户的需求，常用的丝巾面料从成分上分有真丝面料、化纤面料和混纺面料（如粘/丝、涤/丝、锦/丝等）。真丝光泽柔和文静，手感很软，质地细腻，回弹缓慢；人造丝光泽偏亮，有湿冷感，易产生皱褶，不易抹平；混纺面料手感和外观则兼顾两种纤维的特点。

（四）丝巾的图案

丝巾的图案可以运用各种图形、线条和符号，包括抽象的和具体的形状。如果为了进一步统一企业视觉识别形象，制服公司可以将企业的 LOGO 作为图案基型运用在丝巾上，这也是最简单、有效的企业制服识别设计方法。但要注意的是，在图案的排列设计中要考虑丝巾扎系后的效果，使排列后的图案在扎系后完美地展示出来。比较常见的图案排列方法有以下几种：

1. 单独纹样

单独纹样指的是不与周围发生直接联系，可以独立存在和使用的纹样，是图案最基本形式，单独纹样有对称式和均衡式两种。对称式是以中轴线和中心点为依据，在固定的中轴线和中心点的上下左右或多方面配置相应的同形同量纹样。均衡式是不受轴线制约、自由地进行组织安排的构图表现纹样。

2. 二方连续纹样

二方连续纹样是指一个单位纹样向上下或左右两个方向反复连续循环排列，产生优美的、富有节奏和韵律感的横式或纵式的带状纹样，亦称花边纹样。设计时要仔细推敲单位纹样中形象的穿插、大小的错落、简繁的对比和色彩的呼应。

3. 四方连续纹样

四方连续纹样是指一个单位纹样向上下左右四个方向反复连续循环排列所产生的纹样。这种纹样节奏均匀，韵律统一，整体感强。设计时要注意单位纹样之间排列后不能出现太大的空隙，以免影响大面积连续延伸的装饰效果。

4. 角隅纹样

角隅纹样是指装饰在丝巾一角、对角或四角上的纹样。纹样本身也是独立完整的，这种纹样的排列较二方连续和四方连续纹样简单，丝巾无论采取哪种扎系方法都不会过多地遮掩完整的装饰图案。

二、丝巾的搭配

丝巾搭配也是大有学问，如白外套配深蓝丝巾、灰色外套配大红丝巾、杏黄外衣配玫紫丝巾，其穿着效果是不同的。丝巾和制服的风格要保持统一性，即不抢主题又能使制服的整体效果更加协调，更具特色。

（一）素色制服搭配素色丝巾

这种同色系的搭配方式整体感强，色调协调统一。如黑色制服套裙配暗色系丝巾，但要注意的是搭配不慎会造成制服整体沉闷，缺乏变化和轻松感。

（二）素色制服搭配印花丝巾

这是一种非常常见的制服与丝巾的搭配方式，整体上稳重中带着活跃。但要注意的是丝巾上至少应有一种颜色和制服的色彩相同，这样丝巾就能与制服相互呼应了。

（三）印花制服搭配印花丝巾

这种搭配方式跳跃感强，易引起人的注意。但要注意制服和丝巾的花色要有主、次之分。如果制服和丝巾都是有方向性的印花，则丝巾的印花应避免和制服的印花重复出现，同时也要避免和制服的条纹、格子同方向。简单条纹或格子的制服比较适合无方向性的印花丝巾。

三、丝巾的系法

丝巾常被人称作是布艺上的绘画，但是如果仅仅重视远看效果的话，也仅仅是一块漂亮的布而已。设计师应该将其巧妙地扎系，充分调动丝巾的动感效果，同一款丝巾采用不同系法可以产生不同的佩戴效果，制服设计师应考虑到运用何种佩戴方法让制服整体产生最好的效果。以下列举一些较为常用的丝巾系法。

（一）方巾的常用系法

1．基础方巾结

一切丝巾的打法皆可由此延伸，先将方巾对折成条状。在颈前交叉后打两个结，两个巾角自然垂落。这种系法给人的感觉比较传统、大方。（图 6-2）

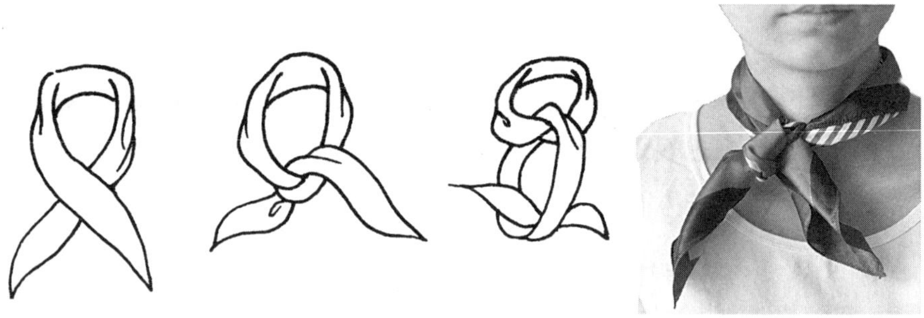

图 6-2 基础方巾结系法

2．三角巾结

将方巾对折后，绕到颈部后面打一个小结，颈前的丝巾自然垂落下来，尖角可放正中，也可放两侧。这种系法给人的感觉比较贤淑、温柔。（图 6-3）

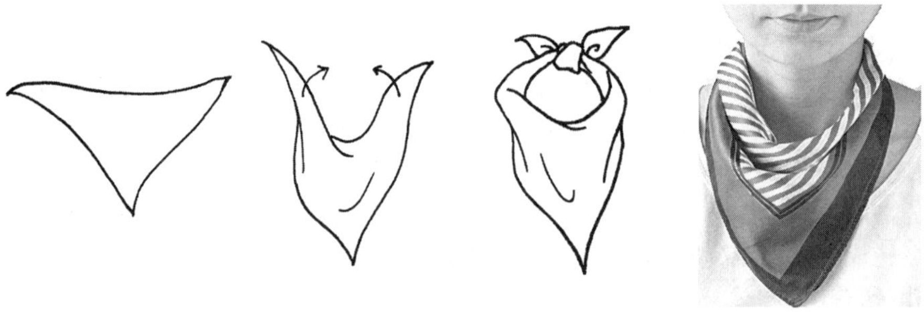

图 6-3 三角巾结系法

3．围巾结

将方巾对折成条状，绕颈部在颈前交叉扭转后，将巾角绕到颈后打结。这种系法给人的感觉比较保守、稳重。（图 6-4）

图6-4 围巾结系法

（二）长巾的常用系法

1. 领带结

将丝巾对角四折成条状，用系红领巾的方法松散轻松的打结，然后将丝巾调整成领带型。这种系法给人的感觉比较干练。（图6-5）

图6-5 领带结系法

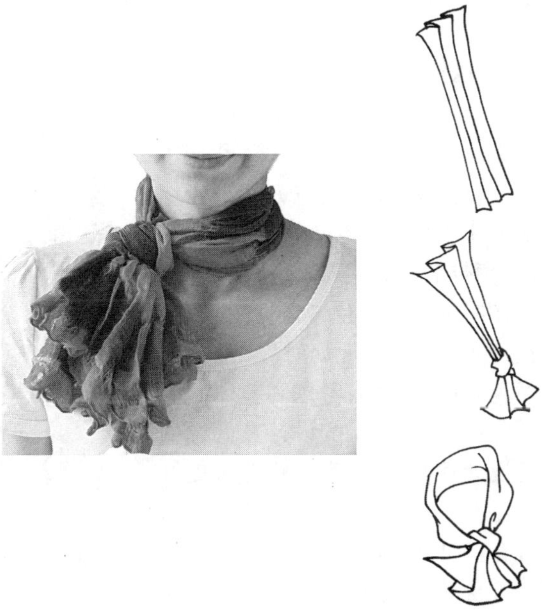

图6-6 领结花系法

2. 领结花

将丝巾对折成条形，在丝巾的一端打结，将未打结的一端从结中穿出，收紧后做出花瓣散开的造型。这种系法给人的感觉比较甜美、亲切。（图6-6）

四、丝巾的制作

一般来说，丝巾从设计到制作完成，会经过以下工序：主题概念、图案定稿、颜色分析及造网、颜色组合、印刷着色、润饰加工、人手收边、品质检查与包装。因为制服中的丝巾属于点缀作用，故不需要投入过多的费用，但是巧妙的设计和严谨的制作工艺是需要的，主题鲜明、色彩和谐、做工精良的丝巾必能成为制服的画龙点睛之笔，为制服公司在激烈的行业竞争中取得一席之地。随着时代的发展，丝巾可以采用真丝数码印花技术，将丝巾图案经过电脑处理把颜色喷绘在白坯面料上制作而成，这种技术没有套色的限制，因此数码印花非常适合小额订单及一些定制丝巾的制作。

第二节　领带

最早的领带可以追溯到古罗马帝国时期。那时的战士胸前都系着领巾，那是用来擦拭战刀上鲜血的擦刀布。现代的领带大多用条纹型的花纹。发展至今，职场中穿着西服套装的男士，再系一条得体的领带，既美观大方，又给人以典雅庄重之感。

一、领带的设计

相比较丝巾而言，制服中的领带在款式设计上就简单了很多。我们主要从色彩、面料和图案三方面来介绍制服中领带的设计要点。（图6-7）

（一）领带的色彩

在制服领带的色彩设计中，有一个技巧叫做“简单永远讨好”。只要遵循色彩搭配原则，考虑到整体制服的色彩搭配，让领带的设计在低调中体现设计师的水平，为企业带来更好的形象。一般来说，领带的色彩要与穿着者的职业、职位稳合。如餐饮、酒吧等从业人员可以选择色彩跳跃的领带；企业管理人员和行政部门则应选择色彩庄重的领带。

（二）领带的面料

领带大致可以分为色织真丝领带、印花真丝领带、色织涤丝领带、印

图6-7　在较为正式的男性制服设计中，领带几乎成为必不可少的单品

花涤丝领带(仿真丝)。色织领带是将染好的丝用机器编织而成,因此面料看上去立体感比较强烈。印花领带是用成型的白胚面料,将图案用颜料印上去,手感比较软,颜色多样,比较鲜艳。此外还有羊毛+真丝,或者50%真丝+50%涤丝等面料的领带,设计师可以根据客户的具体要求和预算进行选择。与丝巾不同,领带还需要做衬里,衬里常用涤丝衬、柚丝衬、羊毛衬、羊毛或者柚丝+涤丝混纺。制服的领带基本都是用涤丝衬的,经久耐用,好打理。

(三)领带的图案

1. 纯色领带

通常用于搭配制服的纯色领带颜色较深,如深蓝色、紫红色或黑色等等。纯色领带可以搭配多种素色的衬衫。这样一条纯色的领带与素色衬衫和西装搭配的制服塑造出一副整洁、大方、和谐的仪表。

2. 定制图案领带

与丝巾的定制图案相同,可以将企业的LOGO作为图案基型运用在领带的图案设计上,一般采用四方连续的排列,或在领带的左下角刺绣一个小标志,这也是最简单、有效的企业制服识别设计方法,还可以与女性制服中的丝巾图案相呼应,使制服的系列感更加完善。

二、领带的搭配

男性正装制服中通常很讲究领带与西装和衬衫的搭配,领带的颜色、图案应与西服、衬衫相协调。在这里我们举一些常规搭配的方法:如黑色西服里穿白色为主的衬衫,配灰色、蓝色等与衬衫色彩协调的领带;灰西服可配灰色、褐色和砖色等领带,穿白色为主的淡色衬衫;深蓝色西服可以配蓝色、紫红色等领带,穿白色和浅蓝色的衬衫;褐色西服可以配暗褐色、灰色等领带,穿白色、灰色的衬衫等等。总之,要从员工身处的大环境和企业制服的小细节出发,使领带的配戴成为制服成功的点睛之笔。

三、领带的系法

平结是男性制服正装中领带的常见打法,要领在于领结下方所形成的凹洞需让两边均匀且对称。打结和解结都非常容易,它应该不太紧,也不太松地系在衬衫领上。系领带时,领带的长度以触及皮带扣为宜,领带夹戴在衬衣第四、第五粒纽扣之间。领带的最宽部分(即在“最宽点”前)应位于腰带处。此外,还有一种“一拉得”领带,即领带呈固定打好的形状,在绕颈处装一个可供闭合的拉链,配戴时只需把领带直接套在颈部,然后将领结向上推至领口。它方便快捷,制作成本相对较低,非常适合学生、警察等行业的大批量制服。

四、领带的制作

领带的制作工艺比丝巾复杂一些,首先要把面料45度斜裁成领带的形状,再裁好领带的衬里,领带的形状就要根据衬里来,一般分为直带型,小瓶型,大瓶型,再用平车连接面料,把衬里跟面料结合起来,放入内衬。最后熨烫工将面料包住内衬熨烫定型,缝工用针把领带面料和里面的衬里缝在一起,再用蒸汽大烫把领带烫平成型。

第三节 帽子

在我国古代，无帽而有巾，人们用丝、麻制的巾来包头或扎发髻，如今西南少数民族使用的“包头巾”便是古代巾的遗留。北周时期，武帝为易于让自己的军队戴用，特意把巾制成含有四个角的形状，当时称作“幞头”，实际它便是中国最早的帽子。国外在古时将帽子当作一种权利与地位的象征，早期的罗马，帽子是自由合法公民的标志，奴隶们只能头顶块儿布来遮天度日。如今的帽子少有等级的差别，但仍有职业的划分，如律师帽、护士帽、军帽、警帽、博士帽等。

一、帽子的设计

（一）帽子的款式

帽子按其造型款式分为贝蕾帽、礼帽、学生帽、宽檐帽、鸭舌帽、军便帽、大盖帽、风兜帽等。依帽身造型可分为半球形、圆罐形、盆形、锥形、钟形、蘑菇形及其他各式造型，帽檐造型又分为鸭舌形、圆形、新月形、护耳等。行业中除了厨师、人民警察等制服的帽子已经有了固定的惯例款式，其他岗位都应该根据具体员工的工作性质和制服的款式需要进行设计。（图6-8）

图6-8 为满足不同的行业需求，帽子的款式、材质都有很大的差异

（二）帽子的色彩

制服帽子的色彩设计要考虑行业潜在规律，比如厨师帽是白色的高帽；护士帽是白色、粉色和浅蓝色等等。这些潜在规律也是行业惯例，通常不会被轻易变化。除此之外，制服帽子的色彩还应考虑与制服色彩的搭配、以及工作需要是否要醒目的色彩，有时还要考虑一些禁忌，比如在中国就忌讳戴绿色的帽子。

二、帽子的制作

人体头部结构是帽子制作的基本依据。主要的规格依据有头围、两耳根过头顶的弧长、前额过头顶中心至后枕点的弧长、耳根至头顶的垂直距离及颈侧点至头顶的垂直距离等，根据帽子的结构特点和造型变化规律建立系列的帽子结构基础纸样，再把面料按纸样裁好缝合成帽子。由于技术原因，大多数制服企业都是把帽子分包给专门的帽厂进行加工制作的。

三、帽子的功能

帽子具有遮阳、遮雨、防风、保暖、安全及审美装饰等主要功能。[①] 在设计帽子之前，设计师除了需要考虑装饰美观外，还要了解帽子在工作中的实际用途和功能，可以通过帽子的款式、色彩来解决工作中遇到的问题，为后续设计打下扎实的基础。比如厨师帽子的功能一是为了在工作过程中防止头发等掉下造成食物不卫生；二是通过帽子高矮来区别技术级别的高低，级别越高的厨师，帽子的高度就越高，可分为厨师长帽、厨师帽、厨工帽。厨师长帽一般高约29.5 cm。厨师帽与厨师长帽基本一样，只是高度低得多，帽褶也少。厨工帽则基本没高度，帽褶更少。

第四节　手套

从十三世纪起，欧洲的女性开始流行戴手套作为装饰，这些手套一般是亚麻布或丝绸质地，男性贵族也流行戴有装饰的手套。此后欧洲宗教界改变了它的功能，神职人员戴白手套，表示权威、圣洁和虔诚。不仅西方如此，近百年的中国军阀混战、日军侵略中国等，军官们也戴白手套，成了军人标榜尚武圣战的装饰。而今的手套应用在所需要行业制服中，起着不可或缺的重要作用。

一、手套的设计

制服中的手套基本是五指分开的款式，既保护了双手又不影响人们在工作时的操作。手套面料的选择需要综合工作中的各种情况进行考虑，可选用常规或具有防割、绝缘、防热、抗高温等功能的材料。比如对于医生来说，需要戴着手套为病人做手术，为了不影响手感和刮到手术器械，手套就要尽可能的薄而且紧密的与手贴合，薄型的橡胶材料就非常适合；公交车司机工作一天要开十个小时左右的车，手掌不断的与方向盘摩擦，对手部伤害较大，这时手套的材料就应该选用柔软吸湿的针织棉线。（图6-9）

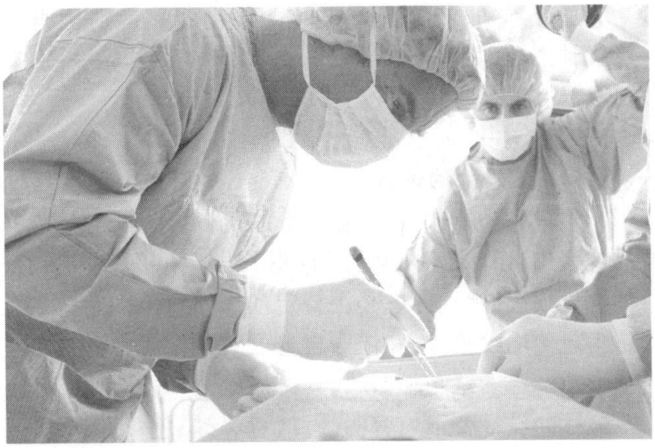

图6-9　医生的手套在手术过程中发挥着重要的作用

① 马蓉. 服饰设计. 北京：中国轻工业出版社，2001.

二、手套的制作

与常规手套不同的是，不同功能的手套会有不同的后期处理制作方法，专业的手套加工厂会按照设计要求进行处理。比如乳胶衬里手套制作时，在涂胶和起皱时，先用预硫化乳胶均匀喷淋在手套的衬里上，经低温干燥定型后，再将其浸胶部位浸入氯仿值为四初至四末的硫化乳胶中，立即取出、沥净，浸入橡胶溶剂和冰醋酸按100:5～8比例混合的起皱剂中起皱片刻，取出、沥净，适用于劳保、医疗等场所。

三、手套的功能

手套具有保暖、卫生、防菌、耐磨、防割、整齐美观的功能。在设计手套前，我们要了解手套在该职业中的实际作用。了解了它的作用之后，再进行设计，才能让设计更符合实际，更贴近工作要求。比如有些酒店门童在冬季会戴上黑色或白色的手套，因为室外温度较低，他们在门口帮客人拉车门、搬行李时起到保暖的作用；医生手术时戴手套，既防止带菌污染病人，又能防止自身被传染；我国研制的“飞天”航天服手套看上去特别厚实，防护手套外层为纤维织物，有两层气密，使用特殊隔热橡胶材料，能耐受高温到100℃。指尖部分只有一层气密层，保持触觉。在手心握物部位设置有凸粒状橡胶，主要为防滑。在手背有可翻折的热防护盖片，用于覆盖手指部位，提高此部位的热防护能力和保证手指的关节活动性。

第五节　徽标和工号牌

企业徽标和员工工号牌具有象征功能和识别功能，是企业形象、特征、信誉和文化的浓缩，一个设计杰出的、符合企业理念的徽标，会增加企业的信赖感和权威感，企业徽标就是一个企业或产品品牌的代表。

一、徽标和工号牌的设计

从形式和功能来看，企业的标志可以分为语言标志和视觉标志。语言标志是指一个企业或产品的名称，比如“沃尔玛”、“松下”、“可口可乐”等，它反映的是人类语言对一个实物和实体进行的语言描述；视觉标志是用特定的图案、字体、色彩组合而成的独有符号，这种符号是通过眼睛将信息传输给大脑，并依据自身已有的知识结构来展开对其内在意义的思索与联想，从而对企业形成一定的认知和印象，具有权威性、可识别性、稳定性、适应性和审美性等特征。①

徽标的设计要求内容明确、寓意深刻、色彩和谐、具有美感，用最适合的图形来表达企业的本质是徽标设计的最终目的，将企业LOGO巧妙的设计在徽标中是最有效的宣传方式，有的则直接把职能部门名称表现出来，比如我国人民警察制服上的徽标中就绣有“警察”字样，简单明了。徽标分为大小两种，一种位于外套胸前的口袋或袖臂上，另一种尺寸较小的多用在帽子上。

---

① 邹游.职业装设计.北京：中国纺织出版社，2007.

应尽量避免将徽标放在制服易形成褶皱的地方，且大小应视放置在制服的具体部位而定。

工号牌一般设计呈长方形，上面刻有工号、姓名，设计点在于字体的变化，不同的字体也可以反映企业的类型，隶书比较传统；宋体比较踏实；楷体比较年轻。（图6-10）

图6-10　徽标和工号牌在制服中看似微小，但在设计上却有很大的学问，它们也是制服中能够完整体现企业标志和职能的符号特征

二、徽标和工号牌的制作

徽标的图案可以采用刺绣或印刷的工艺，刺绣的徽标价格较高，但耐用美观、体现细节。每个徽标应在制服缝合前固定在衣片的正确位置上。工号牌可以选择铜、不锈钢、树脂等材料，采用冲压、腐蚀、丝印、填油、滴胶、仿珐琅等工艺制作。

三、徽标和工号牌的功能

徽标和工号牌具有识别、监督、宣传的功能。往往是企业制服中的活广告。通过它可以区分不同企业、不同的岗位和不同的人。比如军队是徽标运用中最典型的范例，陆军、空军和海军都有不同的徽标，其式样通过与所代表的勋章、奖章的绶带、条纹、色彩（有时候还包括一些饰件）来区别不同的职位和级别；而在工商、税务等国家执法机关以及酒店、银行等行业，工号牌是必不可少的。因为这些工作人员要对外办公，对于客人来讲，通过员工的工号牌进行识别，对员工的工作态度和效率也起到监督作用。

本章小结

“搭配之美”是人类永恒的话题，装饰打扮标示着人类物质生活和精神生活的历程，人类对美化自身需求的不断提高，极大地推动了配饰艺术的发展，生活本身的丰富性和多样性也给配饰的审美带来了个性化的表现。成功的配饰是制服设计的“点睛之笔”，但很多设计师在设计制服时往往忽略了这一点，针对这一问题，本章介绍了制服中常用的几种配饰，比如丝巾、领带、帽子、手套、徽标、工号牌，这些配饰在行业制服中出现的频率较高，在其中发挥着装饰性和功能性的重要作用。此外，本章还针对每种配饰的款式、色彩、材料、搭配、功能等多个方面进行了较为详细的介绍，目的在于从设计层面上，对制服的配饰设计有一个了解和掌握。

思考与练习

1. 制服主要的配饰有哪些种类？多出现在哪些行业和工种中？
2. 丝巾在设计时需要注意哪些方面？
3. 试为我国东方航空的空乘人员（男、女）设计相关的配饰。

第七章 制服生产加工要点

制服的生产加工是将设计意图和服装材料组合成实物状态的服装的加工过程，是制服产品出厂的关键步骤。没有制作的参与，设计和材料都处于分散状态，不可能成为完整真实的制服。评判一套制服的优劣涵盖了这一切过程，包括做工精致、版型设计出色、面料材质处理得体等等，几乎包括了表现设计的每个环节。一名成功的制服设计师，需要做的绝对不单单是设计制服，后期生产加工的各个环节也应该有深入的了解，将最终的制服产品完美地展示给客户。

第一节　制定生产规格表

在制服批量生产之前应确定好制服的规格尺寸，制定准确的生产规格表，为生产提供有力的数据支撑。这些数据来源于对制服穿着对象的身体测量和工作特点进行的综合分析和归纳，对制服的生产起着指导性作用。

一、号型

号通常指人体的身高，以厘米为单位表示，是生产制服长短的依据。型通常指人体的胸围或腰围，以厘米为单位表示，是生产制服肥瘦的依据。上装指胸围，下装指腰围。常用制服基本号型系列如下：XS、S、M、L、XL 和特殊规格号型（简称特规）等，国标上衣号型具体为：150/76A、155/80A、160/84A、165/88A、170/92A 等；裙/裤号型具体为：150/58A、155/62A、160/66A、165/70A、170/74A 等；衬衫具体号型为：39、40、41、42 等。在这个标准的基础上，针对不同行业和不同款式的制服还有细分的具体尺寸，便于员工确认制服尺码，比如某中学男生校服的号型规格表中，针对不同款式对服装的主要尺寸做了明确的标明，也使得制服穿着后能够相对的增加合体度。（表 7-1）再比如某工厂制服中女裤的尺寸规格表，针对女裤一个种类进行详细的尺寸规定，对生产加工起到了指导作用（表 7-2）。但由于每个企业招聘员工的年龄和身材执行标准不同，因此，这些号型数值有时非常接近服装行业常规的成衣号型标准，有时则会有一定的差距。因地制宜地制定制服生产的号型是非常有必要的。

表 7-1　某中学男生校服号型规格表（cm）

	衣长			胸围			
	L	M	S	L	M	S	
男西装	75	73	71	110	106	102	
男运动服	76	74	72	118	114	110	
男 T 恤	75	73	71	110	106	102	
男衬衣	77	75	73	114	110	106	
	肩宽			袖长			
	L	M	S	L	M	S	
男西装	46.2	45	43.8	61.5	60	58.5	
男运动服	48.2	47	45.8	63	61.5	60	
男 T 恤	45.2	44	42.8	25.5	24	22.5	
男衬衣	48.2	47	45.8	62.5/27.5	61/26	59.5/27.5	
	领大	裤长			臀围		
男西装		L	M	S	L	M	S
男运动服		109	107	105	107.5	104	100.5
男 T 恤		109	107	105	109.5	106	102.5
男衬衣	40						

表 7-2 某工厂制服——女裤尺寸规格表

	1#	2#	3#	4#	5#	6#
腰 围	63/1 尺 9	66/2 尺	70/2 尺 1	73/2 尺 2	76/2 尺 3	80/2 尺 4
臀 围	96	99	103	106	110	113
脚 口	21	21.5	22	22.5	23	23.5
毛 长	112	112	112	112	112	112

注:臀围从腰下 16~18 公分处量

二、量体

(一) 量体的目的

量体是指用软尺等工具测量人体相关部位的长度、宽度和围度的尺寸。量体作为制服制作前的重要环节,是获得制服生产尺寸的有效途径,也是制服生产中制定规格和生产数量的实际基础。

(二) 量体的形式

针对客户方不同的制服制作数量和具体要求,制服生产所需要的服装尺寸数据也就不同,因此,在批量生产前是要对企业员工进行体型测量,我们通常采用以下四种方式来获得员工制作制服的尺寸。

1. 套号

这种方法常用于夏装 T 恤、衬衫、运动服等较为宽松的制服,对制服的合体度要求不高,一般根据市场通用的尺码如 S、M、L、XL 等或衬衫尺码 39、40、41 等,再加个人身高由客户自己填写报至制作方,统一归码制作。

2. 样衣试穿

样衣试穿是将预先准备的号型齐全的制服给被测量者试穿,并做好试穿样衣的确认号型记录,这些数据是用来作为大货制服中不同尺码制作数量和后期发放的依据。样衣套号适用于制作人数较多的企业员工制服,制服公司需要提前制作出号码齐全的试穿样衣,到达指定地点后,可按制服的种类分成几个区域,比如西装/衬衫区、夏裤、冬裤区、棉衣区等,引导企业员工有序的去各区域试穿所有制服,并签字确认自己认可的制服尺码,这种方法虽然前期准备比较麻烦(需提前制作号型较齐全的试穿服装),但准确率较高。

3. 单做量身

单做量身是根据客户的需要,逐一为员工测量制作制服所需的身体尺寸,单做量身的成本相对较高,一般是针对重要活动或客户有特殊要求的时候会采用这种方式,突出制服穿着后的合体性。比如某些重要接待活动中女服务员的旗袍改良款制服,需要表现员工婉约大方的气质和姣好的身材,这种情况下就要对每位员工进行身体测量。此外,量体师傅也要求有足够的经验,强调根据款式细节进行量体,后期制服样板的数据处理要根据每个员工的具体身材进行个性化的分析,从这个形式的意义上说,单做量身的制服可谓是制服量体上"奢华"的形式了。

4. 三维量体

三维量体是服装 CAD 体系中的一部分,是一种通过计算机操纵进行自动人体测量,为服装制作提供基础数据的方法。特点是快捷准确、数据详细,局限性在于设备要求高,要有专门的测量用暗室，不适于制服量体的大面积流动性。不过随着科技的快速发展，也许在不久的将来就可以把真正方便迅速的电子测体技术应用在制服制作中。

三、测量

（一）测量部位

测量部位是指测量员根据制服款式需要重点量测的人体部位，具体的有：胸围（即皮尺在胸部最丰满位置水平环绕一周所得到的尺寸）；腰围（即皮尺在腰部最细位置水平环绕一周所得到的尺寸）；腰截长（即在腰部最细处围一条皮尺成水平，自颈围前后中心点量到前后腰围皮尺的中间尺寸，即为前后腰节的尺寸）；臀围（即皮尺在臀部最丰满位置水平环绕一周所得到的尺寸）；裤长（即皮尺从腰围线经过膝部量至外脚踝骨所得的尺寸）；裙长（即皮尺从腰围线量至需要的裙摆线位置所得的尺寸）；前衣长（即皮尺由前身左侧脖根处，通过胸部最高点测量所需的长度，具体截点视款式特点而定）；袖长（即皮尺由左肩骨外端顶点量至手的虎口所得的尺寸，按款式需要增减长度）；肩宽（由后背左肩骨外端顶点量至右肩骨外端顶点，软尺在后背中央贴紧后脖根略成弧形所得到的尺寸）等等。测量部位的准确性也决定了制服成品的穿着效果。

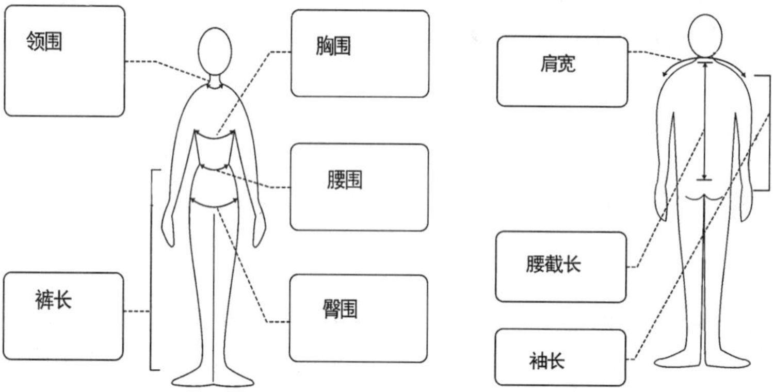

图7-1 人体测量部位示意图

（二）测量方法

测量时，要注意被测者应立正站直，双手自然下垂，最好穿较紧身的服装，以保证净尺寸的准确性。测量围度时，皮尺应该保持垂直，以保证测量数据的准确。此外，量体时测量员要注意观察人体体型特点，对于有些特殊体形的员工，要将特殊的详细情况（如斜肩度、腹部突出等）认真做好记录，便于制作时以此做特殊工艺处理，达到制服穿着后合体、大方。

（三）测量地点

通常情况下，制服公司应派专人去客户企业的办公地点量取数据，双方沟通好时间、方式后，客户方会提供专门的场地（男/女员工分开）以方便测量工作的进行。制服公司应按照企业员工的人数合理地派出测量人员和记录员，使测量工作能够准确准时地完成，测量时要做到精、准、快，记录员要做到员工本人、姓名和尺寸相统一。对于少数未能参加集体量取尺寸的员工，制服公司可以统一在一定的时间内，由员工自己安排时间来此测量尺寸，制服公司应做好相应的接待工作，在规定的时间范围内，确保员工来了就能马上测量尺寸。

四、放松量

放松量指量体后在基础尺寸上再另外加放的尺寸。在量体时所得的尺寸都是紧身尺寸，如果按这个尺寸制成的服装就会紧贴人体，不仅穿脱不方便，还不美观，行动也受影响。所以在制纸样前必须根据量得的尺寸再加放适量的放松度，以达到满足服装正常穿脱和工作操作需求的要求，这个松量不是一个绝对值，这个松量要根据制服的品种、穿着季节、衣料的厚薄以及穿衣习惯等适量调整。所谓“众口难调”，在制服制作的加放度上表现得尤为明显。同一款制服在南方北方、城市农村、户内户外，都存在着不同的放松度要求。同样松量的制服并不一定能给每一个员工都带来十分舒适的感觉，但由于制服的特殊性，我们应根据制服穿着者的工作性质和环境掌握一个相对合理的松量规律，以满足大部分员工的需求。比如说同一款春秋衬衫，南方人普遍习惯穿着合体贴身，加放度在 5～9 厘米不等；而北方人普遍习惯穿着略为宽松，加放度在 7～12 厘米不等。所以在量码准确的基础上，还要详细询问了解当地的穿衣习惯，否则加放度不准确，前面的工作就白费了。

第二节　制版

根据款式、规格、工艺、材料质地、性能，在纸上用结构制图的方法按等比例绘制服装整体与局部的部件图。制版讲三准一全原则：即款式，尺寸，细部计算准；面，里，衬，工艺版全。

一、制作纸样

制作纸样是服装设计效果图向平面结构图转化的过程。在制服的生产制作过程中，纸样的样板直接决定了制服成品的样式及廓形线条，影响制服的穿着舒适度和外观美感度。在这样一个纸样制作过程中，一定要考虑实际成衣生产的面料、采用的工艺结构、制服款式、品质要求等方面，制订出一套较佳的生产纸样，从而能使成衣达到品质佳，用料省的效果。

（一）板型设计

同样面料和款式的两件西装制服穿在同一个人身上为什么有的显得挺拔，有的就显得松垮，板型是一个很重要的原因。

在制服设计的功能性和舒适性中，板型设计起着重要作用。针对不同的工作需要调整样板的不同部位，使制服与人体动作和受力完整配合，这样员工穿着样板合理的制服工作时，应该是操作不受限制、灵活方便，没有不协调的松垮现象。要想解决不合理的问题，设计师应对员工日常工作状态进行观察和分析，发现并总结出员工工作时经常出现的动作，依据这些动作对制服的结构做专业的受力分析，从人体工程学的角度对制服板型进行调整，使之符合该行业员工的行为模式。比如要为公交车司机设计制服，司机在工作时是重复着手臂在前方位活动的动作，因此，在保持制服造型美观的前提下，上衣袖窿和肩部的板型应充分考虑到肩胛骨在工作活动范围中的运动规律，适度的调整松量，或在上衣后身加褶裥的松量设计，都有利于驾驶动作的灵活和舒适。

（二）板型修正

虽然制服的生产具有统一性、标准性，但每个行业和企业都有着不同的特点和要求。有时单纯的通过胸围、腰围和臀围来制定制服生产的号型参数不能满足制服穿着的要求，某些行业从业人员由于长期的工作姿势，身型会有一些不同的变化，如果能针对这些特点去修正制服的板型，参照标准号型的参数做适当的调整，才是制服结构设计人性化的体现。这里我们列举一些岗位制服的板型修正方法。

1. 迎宾员

酒店、餐厅的迎宾员是一个展现形象的岗位，站姿要求挺胸抬头，表现挺拔精神的状态。如果穿上正常板型和尺寸的制服后，在胸部前挺时会觉得前衣片略短，也就是我们平时说的有一种“吊”起来的感觉。要解决这一问题可以在制服的板型上做以下调整：①适量加大上衣门襟向外的撇门量，同时放大肩胸省量；②衣片前宽加大，背宽减小；③将袖窿深线顶端偏向前，使前袖山弧度稍饱满，同时袖山顶端向后移，将后袖山弧度回落。

2. 柜面人员

由于柜面人员工作时要长期保持坐姿，因此，制服的腹部和臀部的舒适感非常重要，没有经过板型修正的制服很可能会使工作人员坐下后感到腹部和侧缝线紧绷，裤子的后裆部有紧卡感。要解决这一问题可以在制服的板型上做以下调整：①前身衣片下部做肚省的处理；②略微加大前身衣片的腹部围度；③后裤片裆部缝斜度增加，后翘抬高。

3. 装配流水线工人

装配流水线工人在工作时要长期保持低头或弯腰操作，这种工作姿态容易使制服后背产生紧绷感，衣服也会显得前长后短。要解决这一问题可以在制服的板型上做以下调整：①将制服的侧缝向前移，把前胸围减小，后胸围放大；②袖片的袖窿深线顶端偏向后身，袖山顶端向前身移动，前袖山弧度略微削去一些，后袖山弧度变得饱满一些。

二、推板

推板是以每款制服的标准母板为基准，通过实际人体数据和科学的计算缩放，制定出系列号型样板的方法。我们可以利用每个号型档差的规律，在一个基准板上按照各号型档差分别加大与缩小，从而得出多个号型板。制服的推板相较于时装的推板而言，它的可变更性更强一些。准确地说是，制服的推板可以更加灵活，它不应该是生搬硬套，应该是依据于人体测量结果之后的理性思考，灵活缩放档差量，使制服合体程度达到较高的覆盖率。

第三节 面料准备

所谓“巧妇难为无米之炊”。制服加工之前应把面料和辅料准备无误，包括各参数的检验、面料的预缩、排料，如果遇到问题可以及时补救，以保证制服按时和保质保量的完成。

一、面料检验

加工厂接收面料时，要参考面料厂提供的码单进行收货，当面料需求量很大时，面料厂应在码单中详细注明缸号、卷号和米数，因为不同缸染出来的面料还是存在一定的色差，在后期加工的过程中，加工厂可以根据这些信息调配制服的制作用料，避免同一部门的制服用不同缸的面料制作。（表 7-3）面料数量确认后，加工厂还要对进厂面料进行检验和测定，包括对面料的外观质量（主要检验面料是否存在破损、污迹、织造疵点、色差等等问题。影响外观的疵点在检验中必须需用标记注出，在剪裁时避开使用）和内在质量（主要检验面料的缩水率、色牢度和克重）的检验。同时对进厂的辅料也要进行检验，例如松紧带缩水率、粘合衬粘合牢度、拉链顺滑程度等等，对不能符合要求的面辅料不予投产使用，从而有效地提高制服的正品率。

表 7-3　面料码单明系

浙江运达进出口贸易有限公司
成品出库单明细　　客户：上海××制服公司

品名：45＊45T/C 斜纹　　颜色：灰色　　2009-10-4

缸号	卷号	米数（米）	缸号	卷号	米数（米）	缸号	卷号	米数（米）
15#	1	103	17#	1	99	19#	1	104
	2	98		2	106.5		2	104.2
	3	105		3	104.6		3	104
	4	103.5		4	101.5+1		4	100
	5	98		5	104		5	103
	6	105.3		6	102.5		6	102
	7	103		7	104.8		7	105
	8	105.5		8	105.6		8	106
	9	104.5		9	105		9	101
	10	105		10	105.4		10	106
	11	105.3		11	105.6		11	104
	12	106.4		12	98.7		12	104.5
	13	104.4		13	105.6		13	106.3
	14	105.5		14	103.8		14	102.2
小计：	14 卷	1 452.4	小计：	14 卷	1 452.6	小计：	14 卷	1 451.7

二、面料预缩

面料预缩对于制服成品质量来说非常重要，可以避免制服洗涤后严重缩水，影响员工穿着。但面料经过预缩处理不等于完全不缩水，而是指缩水率控制在国标 3%～4% 以内。通常可采用以下的预缩方法：①自然预缩，是将服装布料经检验后将其放置在无堆压和张力的松弛状态下放置 24 小时，使织物自然回缩；②湿水预缩，是对一些缩水率超过标准规定的布料进行的缩水处理。

三、排料

合理的排料是节省制服面料的重要途径，对于批量较大的制服生产，更是节约了成本。排料的基本方法有：①均码套排，此方法便于估算用料、避免成衣色差；②混码套排，此方法适用于多规格制服的批量生产；③异品种套排，此方法适用于套装或系列服装的批量生产。在排料这个成衣生产的重要环节中，技术含量较高。一个产品排料图的设计过程是在满足设计、制作等要求的前提下，将生产制服规格的所有衣片样板在指定的面料幅宽内进行科学的排列，以最小面积或最短长度排出用料定额，目的是使面料的利用率达到最高，同时给铺料、裁剪等工序提供可行的依据。目前有手工排料和计算机排料两种：手工排料是排料放样人员先在纸样上设计并剪下衣片纸样，然后尽可能紧凑、合理地排放在布料上，最后根据放样结果进行成批裁剪。由于排料方式依靠排料员的经验进行，其经济性，科学性，合理性无法验证，虽然面料利用率可以较高，但时间较长同时还需要裁剪大量纸样，劳动强度大，差错率高；而计算机排料是根据数学优化原理，利用图形学技术设计而成的。把传统的排料作业计算机化，把排料师傅丰富的经验和计算机具有的快捷、方便、灵活等特征结合起来，可多次试排，并精确地计算各种排料图的面料利用率，以寻找最佳衣片组合方式，从而快速获得较高的面料利用率。

第四节　质量检验

质量检验是对产品的一项或多项质量特性进行观察、测量、试验，并将结果与规定的质量要求进行比较，以判断每项质量特性合格与否的一种活动。①这一环节对制服企业良好的信誉和口碑起到了保障性作用。

一、质量检验的目的

质量检验的根本目的是要确保商品的实用性和功能性。一件制服对于企业员工而言，是工作中穿着时间最长的服装，这对制服的质量是一种很严格的挑战。制服公司要严把制服的质量关，在车间实行自检、互检、专检，每一道工序都负责对上一道工序进行检验，将生产过程中的质量信息及时反馈给相关人员，最大程度地保证不合格品不进入下道工序。服装的检验应贯穿于裁剪、缝制、锁眼钉扣、整烫等整个加工过程之中，在包装入库前还应对成品进行全面的检验，以保证产品的质量。

质量检验是促使制服质量最优化的一个有效的监督途径。在行业内分割最大的利益势必要始终贯彻质量方针，制服公司需要实行严谨规范的现代化管理制度，运行质量保证体系，实施全面质量管理。对于客户而言形象是一个公司生存的命脉，制服公司有了过硬的制服产品质量，可以让客户具有更强的市场竞争力。身为一名制服设计师，需要时刻在脑中灌输产品质量的重要性，只有产品的质量符合标准了，才能获得顾客的信赖，从而实现业绩的增长。

---

① 资料来源：http://baike.baidu.com/view/1088482.htm? fr = ala0_1

二、成品检验的内容

针对制服的成品检验可以分为以下几个方面：款式是否同确认样衣相同；尺寸规格是否符合工艺单和样衣的要求；缝合是否正确，缝制是否规整、平服；条格面料的服装检查对格对条是否正确；面料丝缕是否正确，面料上有无疵点、油污存在；同件服装中是否存在色差问题；整烫是否良好；粘合衬是否牢固，有否渗胶现象；线头是否已修净；服装辅件是否完整；服装上的尺寸唛、标签与实际货物内容是否一致，位置是否正确；服装整体形态是否良好等。

第五节　成品包装

国内现在已经制定出较为完备的服装包装标准体系，涵盖功能要求、号型尺寸、安全环保等，制服成品的后期包装应参照客户的需求或严格遵守制服标准体系的要求。每件制服的内袋或领圈内侧均应注明部门和员工姓名。

一、立体式包装

立体式包装是将制服悬挂在专用衣架上，每套制服应配有一只专用衣架，一只防尘袋（袋外贴有员工姓名），在保证制服挺括、不褶皱的情况下将制服送至客户手中，每个立体式包装箱内装有服装12套（或根据实际情况合理安排）。在包装时，应注意箱外注名企业、部门和姓名，同时将衣服妥善地放入箱中。立体式包装的优势是在最大限度内保持制服的完整性。但成本较高，搬运难度较大。

二、折叠式包装

折叠式包装是将每件制服按标准方式折叠好后装袋，其中内包装是用塑料纸膜、防尘袋、硬纸板等相关包装用品将制服包装起。内包装中制服的款号、尺码应与胶袋上标明的一致。常见内包装的具体方法是先将易皱的物品用硬纸板相隔开，将不同面料的制服放入不同的防尘袋中。同时处于美观性的考虑，可加入塑料纸膜进行防尘防皱。外包装是将单件包装好的制服放进纸箱的统一包装。装箱时要根据客户要求进行尺码、颜色的搭配。特别要注意数量完整、颜色尺寸搭配准确无误。外箱上贴上箱唛，标明客户、地址、箱号、数量等。

第六节　制服生产中的相关技术文件

制服生产前，技术人员要做好一些技术准备工作。相关技术文件的准备是确保制服批量生产顺利进行以及最终成品符合客户要求的重要参照。

一、制服封样单

制服封样单是对制服样衣确认后的各项数据汇合而成的内容载体。封样合格的产品在生产过程中绝对不可以任意改变工艺,所生产的产品必须与封样产品保持一致。封样过程中的所有问题要如实填写在首件产品封样单上,经过客户确认签字后成为今后大货质量的重要检验依据。(附件十)

二、制作通知单

在制服大货生产前,公司与客户方会签署制作通知单,让客户确认制服的款式、规格数量、面辅料、价格等是否准确,它也是服装加工中的指导性文件,对制服的规格、缝制、整烫、包装等都提出了详细的要求,对面辅料搭配、缝迹密度等细节问题也加以了明确,避免在后期的大货生产中造成不必要的纠纷和损失。(附件十一)

三、制服成本核价单

制服成本核价单是用来核对制服最终成本的文件,将一件制服从设计到生产所需要的相关物料的价格输入表格,计算出总价。它是公司给客户报价和计算公司利润的依据。(附录十二)

本章小结

本章剖析了制服设计过程中感性和理性的设计思维,同时也应该了解并且注重制服产品的生产质量,将各个环节都放在同等重要的地位上,通过高品质的制服把客户的企业文化完美地展现出去。大凡知名的制服设计生产企业,在设计和制作上都有更多的国际化倾向,在民族性与时尚性的结合上与时代同步,在制服设计的每一个过程中与时俱进,将推动制服行业和企业的发展作为设计的最终目标。

思考与练习

1. 确定制服制作尺寸时需注意哪几个方面?
2. 制服成品检验的内容有哪些?
3. 制服包装需要注意哪些方面?

第八章 典型行业的制服

行业是指从事国民经济中同性质的生产或其他经济社会的经营单位或者个体的组织结构体系。行业是根据生产工作单位所生产的物品或提供服务的人的不同而划分,是按企业、事业单位、机关团体和个体从业人员所从事的生产或其他社会经济活动性质的同一性来分类。某行业的职业内部,其劳动条件、工作对象、生产工具、操作内容相同或相近。由于环境的同一,人们就会形成同一的行为模式,有共同的语言习惯和道德规范。但不同职业间也存在着很大的差异,劳动条件、工作对象、工作性质等都不相同,各种职业间的差异还会不断变化,随着经济的发展和社会的进步,各行各业对制服都有了更细致更高的要求,从某种原因上说,这是由制服本身的特征所带来的。制服是一个能体现该行业特点的招牌,制服所传达的情感甚至不是用语言所能替代的。制服设计要做到规范、规整和系统化,要充分了解各行各业的特点,从而为制服设计带来更多的空间,为制服公司带来更好的发展,推动制服市场的繁荣。本章节针对一些具有代表性的制服行业进行具体分析,从行业的发展和特点入手,研究不同行业不同岗位制服设计的特征。

第一节 酒店业制服

对酒店一词的解释可追溯到千年以前。早在1800年《国际词典》一书中就提到:酒店是为大众准备住宿、饮食与服务的一种建筑或场所。一般地说就是给宾客提供歇宿和饮食的场所,具体地说饭店是以它的建筑物为凭证,通过出售客房、餐饮及综合服务设施向客人提供服务,从而获得经济收益的组织①。假如我们将各行业的制服设计容纳为一部历史书的话,那么酒店制服设计必定是这部历史书中最深刻、最重要的一个部分。酒店制服是酒店文化素养、审美水平、服饰品位的信息传递载体。成功的酒店制服设计对酒店整体环境的档次提升很大,设计时要以酒店的市场定位、人员组织结构、文化风格定位为参数,以经营理念、经营宗旨、经营战略为目标,突出酒店文化和特色。因此,酒店制服设计在制服设计的类别中所占的地位是举足轻重的。

一、酒店业的行业特点

酒店产业是一个长期的产业,在繁荣的背后也就存在很多不稳定因素,只有紧跟市场变化,才能立于不败之地。随着中国经济持续快速发展,尤其是在中国加入WTO、北京成功申办2008年奥运会、上海成功申办2010年世博会、广州成功申办亚运会等利好消息的带动下,酒店业发展迅速,已成为世界旅游业关注的焦点。

(一)酒店的级别

酒店业主要由两大部分构成,即星级酒店与社会旅店。星级酒店提供多功能服务,即除了客房住宿以外,还有餐饮服务、康乐休闲设施服务、会议设施服务等等;而社会旅店只提供单一的有限服务,即客房住宿。酒店的价格及品质通常由其所能提供的服务决定。从20世纪末开始,由于全球旅客人数大幅上升,酒店的服务水准亦有不少改善,世界各国一般都以星级制,由一星至五星把酒店划分级别:

1. 一星级酒店

一星级酒店设备简单,具备食、宿两个最基本功能,能满足客人最简单的旅行需要,提供基本的服务,属于经济等级,符合经济能力较差的旅游者的需要。

2. 二星级酒店

二星级酒店设备一般,除具备客房、餐厅等基本设备外,还有卖品部、电话、理发等综合服务设施,服务质量较好,属于一般旅行等级,满足旅游者的中下等的需要。

3. 三星级酒店

三星级酒店设备齐全,不仅提供食宿,还有会议室、游艺厅、酒吧间、咖啡厅、美容室等综合服务设施。每间客房面积约20平方米,家具齐全,并有电冰箱、彩色电视机等。服务质量较好,收费标准较高,能满足中产以上旅游者的需要。目前,这种属于中等水平的酒店在国际上最受欢迎,数量较多。

4. 四星级酒店

四星级酒店设备豪华,综合服务设施完善,服务项目多,服务质量优良,讲究室内环境艺术,

---

① 资料来源:http://baike.baidu.com/view/128810.htm

提供优质服务。客人不仅能够得到高级的物质享受,也能得到很好的精神享受。这种饭店国际上通常称为一流水平的饭店,收费一般很高。主要是满足经济地位较高的上层旅游者和公费旅行者的需要。

5. 五星级酒店

五星级酒店是酒店的最高等级。设备十分豪华,设施更加完善,除了房间设施豪华外,服务设施齐全;各种各样的餐厅,较大规模的宴会厅、会议厅、综合服务比较齐全;有社交、会议、娱乐、购物、消遣、保健等活动中心;环境优美,服务质量要求很高,是一个亲切快意的小社会。收费标准很高,主要是满足上层资产阶级、政府官员、社会名流、大企业公司的管理人员、工程技术人员、参加国际会议的官员、专家、学者的需要。现在世界各地也有一些超五星级、七星级酒店,即行业类人士认为如果让他去评五星都还不能够形容其硬件设施之奢华和服务之完善。(图 8-1)

图 8-1 澳门威尼斯人酒店①

(二) 酒店的分类

酒店业发展至今,真可谓名目繁多,应有尽有。由于历史的演变、传统的沿袭、地理位置与气候条件的差异,酒店用途、功能、设施的不同,世界各地的酒店五花八门、千奇百怪,实难类分。不过,为了比较、研究及更好地经营管理等目的,人们对酒店也有一些大致的分类方法。

1. 按酒店的经营性质分类

(1) 商务型酒店

它主要以接待从事商务活动的客人为主,是为商务活动服务的。这类客人对酒店的地理位置要求较高,要求酒店靠近城区或商业中心区。其客流量一般不受季节的影响而产生大的变

① 澳门威尼斯人酒店以意大利水都威尼斯为主题,酒店内到处是威尼斯特色拱桥、小运河及石板路,充满威尼斯人浪漫狂放享受生活之异国风情,除了建筑特色外,设有三千间豪华客房,拥有七百多张赌台的博彩大厅亦是其他赌场难及的优势。

化。商务性酒店的设施设备齐全、服务功能较为完善。

（2）度假型酒店

它以接待休假的客人为主，多兴建在海滨、温泉、风景区附近，其经营的季节性较强，要求有较完善的娱乐设备。另外也有一些特色型度假酒店，比如温泉度假酒店、高尔夫球度假酒店等。

（3）会议型酒店

它是以接待会议旅客为主的酒店，除食宿娱乐外还为会议代表提供接送站、会议资料打印、录像摄像、旅游等服务。要求有较为完善的会议服务设施（大小会议室、同声传译设备、投影仪等）和功能齐全的娱乐设施。

（4）长住型酒店

为租居者提供较长时间的食宿服务。此类酒店客房多采取家庭式结构，以套房为主，房间大者可供一个家庭使用，小者有仅供一人使用的单人房间。它既提供一般酒店的服务，又提供一般家庭的服务。

（5）观光型酒店

主要为观光旅游者服务，多建造在旅游点，经营特点不仅要满足旅游者食住的需要，还要求有公共服务设施，以满足旅游者休息、娱乐、购物的综合需要，使旅游生活丰富多彩，得到精神上和物质上的享受。

（6）经济型酒店

经济型酒店多为旅游出差者准备，其价格低廉，服务方便快捷。特点可以说是快来快去，总体节奏较快，就像麦当劳、肯德基的快餐一样，实现住宿者和商家互利的模式。

（7）连锁酒店

连锁酒店可以说是经济型酒店的精品，比如我国的如家、莫泰等知名品牌连锁酒店占有的市场份额也是越来越大。

2. 按酒店建筑规模分类

目前对酒店的规模旅游行政部门还没有一个统一的划分标准。较通行的分类方法是以客房和床位的数量多少，区分为大、中、小型三种：小型酒店的客房在300间以下；中型酒店的客房在300～600间之间；大型酒店的客房在600间以上。

二、酒店各部门概况

酒店是多种业务、多个部门合成的有机整体。为了满足多种类宾客的多种需要，便形成了酒店庞杂的业务和繁复的事务。为确保提供优质的服务，必须确立酒店管理的分工，通过酒店管理过程中执行管理的职能，以达到预期的经营目标。

（一）酒店的管理分层

酒店的分层管理非常明晰，一般大酒店分为四层，中小酒店分为二到三层：①决策层：这一层是由酒店高层管理人员组成，如总经理、副总经理和总经理助理等。在这一层工作的员工主要职责是对酒店的主要经营管理活动进行决策和宏观控制，对酒店重要发展战略和产业经营目标进行研究并组织实施；②管理层：这一层由酒店中层管理人员担任，如各部门经理、经理助理、行政总厨、厨师长等。他们的主要职责是按照决策层作出的经营管理政策，结合自己的工作经验、方法，具体安排本部门的日常工作，并带头执行。管理层在酒店中起着承上启下的作用，他们是完成酒店经营目标的直接责任承担者;③执行层:这一层由酒店中担任基层管理岗位的员工组成,如主管、领班、值班长等。执行层人员的主要职责是执行部门下达的工作计划,完成具体的工作,他们直接参与酒店服务工作和日常工作的检查、监督,保证酒店经营管理活动的正常进行;④操作层:这一层包括酒店的一线服务人员,如迎宾员、厨师、服务员等。操作层员工职责是接受部门指令为顾客提供标准化、规范化服务。

(二) 酒店各部门的细分

酒店的部门设置是根据经营需要设置的,每个酒店不尽相同,酒店的部门通常为八部一室:前厅部、客房部、餐饮娱乐部、人力资源部、工程部、保安部、销售部、财务部和总经理办公室。

1. 前厅部(Front Office Department)

前厅部也称大堂部,是酒店经营与管理的神经中枢,是酒店为宾客提供接待和服务的窗口与桥梁,是为酒店高层领导和营业部门提供宾客信息与作出经营决策的参谋机构,其工作与管理质量的优劣,不仅影响酒店的经济效益,而且还会影响酒店的社会效益。负责招徕并接待宾客、销售酒店客房及餐饮娱乐等服务产品、沟通与协调酒店各部门、为客人提供各种综合服务的对客服务部门,是宾客进入酒店之后,接触酒店的第一视觉点,属于酒店的门面,是酒店整体形象设计的重要组成部分。前厅部通常由客房预定处、大厅/礼宾服务处、接待处、问讯处、前厅收银处、电话总机、商务中心、大堂值班经理或大堂副理等机构组成,主要机构均设在宾客来往最频繁的酒店大堂地段。前厅部代表酒店的直观形象,用以区别相同性质的竞争酒店。这个部门有对客人留下印象的优先权,优势就是可能会优先获得客人的信任①。

2. 餐饮娱乐部(Food & Beverage Department)

餐饮娱乐部是酒店重要的生产、服务部门,是酒店经营活动中重要的经济支柱之一。其经营目标是为酒店客人提供优质全面的餐饮、康乐及会议等综合服务,以优质的服务满足客人的需求;其工作的好坏,直接影响酒店的经济效益和声誉,也反映出酒店管理水平和服务质量的优劣。餐饮娱乐部设有宴会/会议预订中心、多功能厅、中餐厅、西餐厅、宴会厅、咖啡厅、康乐中心等营业部门,以及管事部、员工餐厅两个后勤部门。

3. 客房部(Housekeeping Department)

客房部作为酒店营运中的一个重要部门,是酒店经济收入的主要来源部门之一,其经营、管理的客房既是酒店产品的主体,又是酒店设施设备的重要组成部分。因此,客房部的经营管理水平与服务质量,不仅直接影响到客人对酒店的印象,还关系到酒店的经济效益及整体声誉。客房部主要负责酒店客房服务、洗衣服务、清洁服务等工作,本着“宾客至上,服务第一”的宗旨,努力为宾客提供安全、规范、迅速、礼貌、热情、真诚、卫生、周到的五星级服务,为酒店宾客创造一个良好的居住条件和工作环境。客房部设有客房办公室、客房中心、清洁组、洗衣房等,其主要的工作任务是为宾客提供一个舒适、安静、优雅、安全的住宿环境,并针对宾客的习惯和特点做好细致、便捷、周到、热诚的对客服务。

4. 安保部(Security Department)

安保部是酒店安全管理的职能部门。在酒店高级管理层和上级公安、消防、司法等政府主管部门的领导下,根据“没有安全就没有旅游事业”的精神和“宾客至上、安全第一”的原则,确

① 赵涛.酒店规范化管理全书.北京:电子工业出版社,2007.

保酒店的经营秩序和工作秩序正常运行，保障酒店、宾客、员工的人身财产不受侵害；协助公安、消防、司法、国家安全部门侦破查处刑事案件、治安案件和治安灾害事故；依法做好酒店的安全管理工作。安保部下设：办公室、内保组、外保组、警卫组、消防中心组。

5. 人力资源部(Human Resource Department)

人力资源部是酒店经营管理体系中重要的职能部门。它根据酒店的经营目标合理组织劳动力，进行招聘、录用、培训、选拔、调整、考核、巡视督导、奖惩、工资福利、劳动保险、劳动争议处理等管理活动，谋求人与事的科学结合和人与人之间的紧密配合，达到提高员工整体素质，改变和有效调整员工队伍结构，充分调动员工的积极性、创造性，最大限度地提高员工工作效率的目的。下设人事部、培训部和质量管理部等。

6. 销售部(Sales Department)

销售部在总经理的直接领导下，以扩大客源、增加酒店收益、保持酒店形象为中心开展营销工作，同时还是酒店对外推销和宣传的窗口，是外联和广告宣传的中枢部门。它负责分析酒店客源市场，收集相关信息；设计、美化酒店标志及广告策划；代表酒店与租赁经营单位及长住商社签订合同；负责酒店所有客房的预订和统计工作。销售部设有办公室、广告策划、市场分析以及预订部等。

7. 工程部(Engineering Department)

工程部是酒店重要的后勤保障部门，主要负责酒店设施设备的运行管理、维修保养、更新创造，确保酒店为客人提供一个良好的居住、工作与生活环境；保证设备、设施各系统处于良好的运行状态，使客人处处感到安全、舒适与方便。主要负责酒店机械、电器设备的日常维修与保养；酒店建筑装潢、工程更新改造；通讯设施、卫星收视设备的维护；庭院绿化、酒店内植物、花卉的养护、布置及保洁工作。设有办公室、电气部、机械部、土木装修组、绿化维护组等。

8. 财务部 (Finance Department)

财务部担负着酒店聚财理财的重要职责，是整个酒店经营管理工作的信息中枢，是反应酒店经营成果、为总经理进行市场预测和经营决策提供信息和数据资料、督导各部门改善经营管理、提高经济效益的职能部门。财务部的工作职能主要有：根据国家的政策、法令、财经制度制定和完善酒店的财务管理制度和内部财经稽核制度，核算营业收入、成本、费用和利润；监督、检查、分析酒店营业、财务计划及各部门收支计划的执行情况；考核资金的使用效果，定期向总经理报告收支情况，提出改进意见等。下设会计核算组、收入稽核组、成本控制组、计划综合组、信息技术部、中心仓库、收银处、验货室。

9. 总经理办公室(Executive Office)

酒店总经理办公室是全面负责酒店经营管理的领导机构，是酒店经营管理的决策中心和控制中心。酒店总经理办公室的主要职能是切实执行总经理的工作指令，坚持“以市场为导向，以效益为中心，以质量为生命”的经营管理方针和“让客人完全满意”的服务宗旨，合理调配使用和大力发展酒店的人力、物力和财力资源，制定严格的管理规范和管理制度，实行科学管理，加强对酒店经营管理的监控力度，树立良好的酒店形象，取得最佳经济效益和社会效益，达到最好管理水平和质量水平，并统筹和协调酒店与社会各界、上级主管部门或业务协作部门以及酒店内部的横向、纵向各方面关系，为提高酒店的经济效益和社会效益服务。下设总经理、副总经理、夜间经理、文员。

三、酒店主要岗位的制服

酒店业制服虽然分类繁多，但要做到使它们是建立在一个统一的风格上，保持一种完整的系列感，应该突出各部门的制服特点，并具有酒店整体的着装风格，要做到制服与酒店文化和装修风格的和谐呼应。此外，酒店每个部门的制服设计，每个部门与每个部门的服装服饰要求也不一样，管理与执行者的服饰也不相同。一般酒店制服的设计比较突出层次性，包括三个含义：一是指不同部门不同岗位员工服饰的可识别性。比如前厅部服饰与客房部服饰的区别，又比如同为厨师服饰，其帽子的形状和高度，衣扣的颜色和数量，就分别代表了厨师们在厨房里的不同的身份和地位；二是指员工服饰与客人服饰的可识别性。任何一个进入酒店的人都可以从服饰中区分出酒店员工与进店客人。这就要求酒店员工制服不能太时装化。当然，酒店服饰也需要美，但这是一种与环境融合，为酒店总体形象增添光彩的美，而不是突兀的、独立的美，绝不可让客人觉得你的光彩盖过了他（她）；三是指管理人员和服务人员的服饰要有明显区别。

（一）前厅部

前厅部比较重要的制服设计岗位有大堂经理、总台服务、门童、行李员和公共区域保洁员。（图8-2）

图8-2 酒店前厅部的主要岗位制服

1. 大堂经理

大堂经理是酒店或餐饮行业中受总经理委托并代替总经理处理客人对酒店一切设备、设施、人员、服务等方面的投诉，监督各部门的运作，协调各部门的关系，保证酒店以正常的秩序向顾客提供优质服务的中层管理人员。大堂经理作为酒店重要职位的一种，扮演着举足轻重的角色，是酒店的神经中枢，是沟通酒店和客人之间的桥梁。大堂经理的制服要给人稳重和信任的感觉，并能让客人快速地在大堂区域识别出这个岗位，色彩上多为较为沉着的色系，面料上可采用毛涤等质感和触摸感相对稳定的面料。男女款式一般为西装套装/套裙和衬衫，也可根据酒店风格做一些变形，配饰应简单精致，尽量达到庄重典雅的视觉效果。

2. 总台服务

总台服务员是为客人办理入住登记，根据客人要求办理换房、加床、续住，提供酒店内外的相关公共信息查询服务等工作的人员。总台服务保持良好的仪容仪表、精神面貌、实行站立服务、主动服务、使用规范的敬语、微笑以及良好的形象，要求形象端庄大方，和蔼亲切。总台服务员的制服在色彩、面料、款式上可以根据酒店的定位和风格有相对较大的变化，面料选用范围也较为广泛，毛涤混纺、织锦缎、丝麻混纺、仿真丝等面料都可搭配使用，制服设计师在考虑整体风格和功能性的前提下，可以大胆尝试使用多种设计和装饰手法，充分体现酒店的特色。色彩在配合整体环境的基础上可以自由组合。男女款式通常以西服套装/套裙和衬衫为主，设计上既要庄重得体又要突显年轻活力。一般为了装饰美和个性美的需要，总台服务员的服饰会在局部搭配一些醒目而美观的配饰，比如定制的纽扣、丝巾和领带等。（图 8-3）

图 8-3　澳门威尼斯人酒店前台办公场景

3. 门童

门童是为进出酒店的客人开门、叫车、开车门，扶助客人上下车以及装卸客人行李的工作人员。它是客户进入酒店接触的第一个岗位，其制服形象直接影响了客户对酒店的第一印象。门童要求形象亲切、身材挺拔，工作时坚持站立服务、微笑服务和敬语服务，向每一位进、离店客人致意、问候，始终保持旺盛的服务热情，为酒店树立良好的形象。大多数门童是男性，也有个别酒店为了标新立异会用女性门童，以此成为酒店的一道亮丽风景。门童的服饰特征是具有明显的礼仪标志，要体现庄重、热情、大方的风范，颜色以红、白、黑、金为主。上衣多以改良的燕尾服款式为主，也可在领口、袖口、门襟、裤缝、帽子等处加镶边、肩章等装饰。但在一些外资酒店，制服会相对简练很多，舍去这些装饰，突出低调的气质。门童与其它岗位制服的配置略有不同，因为在户外工作，要考虑到夏季、春秋季和冬季的不同天气状况。（图 8-4）

图 8-4　门童的形象会影响客人对酒店的初步印象

图 8-5　行李员制服应将美观和实用相结合

4. 行李员

行李员是根据宾客要求和酒店的规定，搬运、分送、保管行李，递送报刊、邮件、信函、留言等物品，带领客人到指定房间的工作人员，并向宾客介绍饭店的服务设施、客房设备及使用方法。行李员要求对客人保持友善、整洁及称职的形象 。行李员的制服要美观性和操作性相融汇，一定要便于工作操作，着装主要表现行动敏捷、利落，面料可采用涤棉等透气性好的舒适面料，款式多与门童相对照，制服穿着后有一定的宽松量，但要得体。（图 8-5）

5. 公共区域保洁员

公共区域保洁员通过对公共区域清洁、保养工作，为宾客提供舒适、干净、方便的生活环境。保洁员要求形象朴素、整洁，色彩不宜采用过于跳跃的颜色，会吸引客人的注意。制服设计更注重实用操作性，便于清扫时的操作，款式上尽量简洁大方。女性保洁员应避免穿裙子，裤腿和袖口不宜过大。

（二）餐饮娱乐部

餐饮部下设各类餐厅和康乐中心，主要是为满足客人吃喝休闲的要求。

1. 餐厅

酒店餐厅主要的制服设计岗位有餐厅领班、迎宾员、服务员、传菜员和厨师。

① 餐厅领班

餐厅领班是协助经理负责餐厅的日常运转和管理工作，负责带领员工按照餐厅服务工作规程和质量要求做好接待服务工作、清洁卫生和各种菜点、酒水的介绍和推销工作，保证以舒适的就餐环境、优质的食品和良好的服务来吸引客源。餐厅部经理要求形象稳重、亲切、可信，餐厅经理的制服以西服套装/套裙为主，颜色多以深色或与服务员制服色彩相呼应，体现部门着装的整体统一。多采用爵士呢或含毛料10%以下的混纺面料，经济实用。（图8-6）

图8-6　餐厅领班的制服设计应略显稳重大方

图8-7　餐厅服务员的制服应根据餐厅的具体风格和菜系进行设计，该图为某西式餐厅的服务员制服

② 服务员

餐饮部服务员应积极配合领班工作，服从领班或以上领导指挥，懂得和熟悉本餐厅的业务工作，为客人提供最佳服务。严格执行服务规范和操作程序，掌握好上菜时机，根据菜肴种类按顺序上菜。要准确清楚地报上菜名，主动介绍饭菜特点，掌握上菜速度。比较有规模的酒店下设有中餐厅、西餐厅和咖啡厅，其服务员服装设计空间较大，可以体现酒店餐饮的特色，服务员的制服设计应参考餐厅提供的菜系和装修风格。如中餐厅服务员制服要体现出中国传统特色，装饰上可运用滚边、异色拼料、盘扣等工艺，款式上多为斜襟和对襟的中式细节；日本料理餐厅服务员制服要带有日本和服的特征。制服讲究特色丰富，细节变化较多。在工作过程中，菜渍很容易弄脏制服，因此面料要选择耐洗易干的，袖口也不宜开得过大，以免上菜时不方便。（图8-7）

③ 迎宾员

迎宾员是在餐厅门口提供礼仪性的接待服务，负责用餐客人的带位和迎送接待工作。多为女性员工，属于餐厅的招牌形象，形象上要求高挑、大方、亮丽。制服可与服务员制服成一个系列，但要比服务员的制服更有特色，多以及踝长裙和改良旗袍为主，突显女性身材曲线，在款式、色彩、面料和细节上可与服务员有关联之处，也可单独设计。

④ 传菜员

传菜员主要是负责开餐前做好传菜准备工作，并协助值台服务员布置餐厅和餐桌，摆台及补充各种物品，将值台服务员开出的饭菜订单传送到厨房内堂口，准确及时地将厨房蒸制

好的菜肴、食品传送给餐厅值台服务员。多为男性员工，制服要穿着舒适，不能过于合体，要便于行走和跑动，面料应耐磨、耐洗、吸湿、易干，款式上可与服务员制服的风格相呼应，造型简洁。（图8-8）

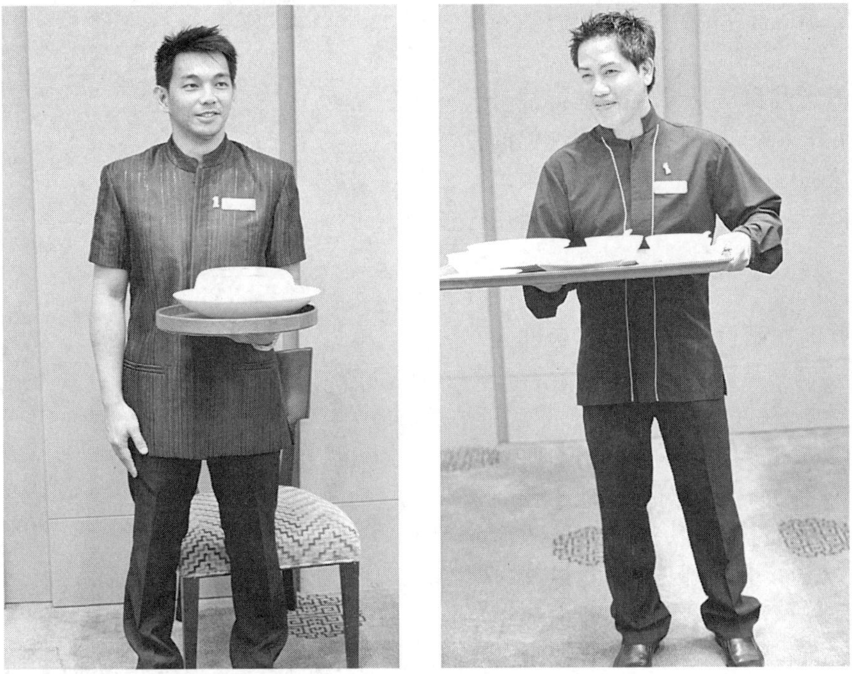

图8-8 餐厅传菜员夏季和春秋季制服

⑤ 厨师

厨师是以烹饪为职业，以烹制菜点为主要工作内容。厨师在餐饮部起着十分重要的作用，在客人点菜后，厨师就要立即做出反应，配菜烹调。厨师的厨艺是招揽客人的金字招牌。厨师服装以清洁素净、简单大方为主，一般为白色，配帽子。厨房分工严密，有中餐总厨、西餐总厨、厨师、糕点师、配菜、小工等。制服款式按国际惯例，通常采用主领、双排扣白色上衣，领围白色或其它颜色汗巾，戴高矮不同的直筒帽，扎系长围裙。

2. 康乐中心

康乐中心是酒店给客人提供健康的、放松身心的、有助于身体健康娱乐活动的场所，主要的制服设计岗位有理容师、按摩师和健身教练。

① 理容师

理容师提供的服务是为客人洗发、修剪头发、刮脸及其附随服务，整体形象是以简洁利落为特征，多选用光洁、不起静电、不易粘灰的面料，防止修剪下的头发吸附到制服上，颜色以干净或明快的颜色为主。

② 按摩师

按摩师提供的服务是根据客人的要求，运用以保健为目的的按摩技术，在人体体表特定部位施以一定力量的、有目的的、有规律的手法操作活动。按摩师的制服应简洁大方，色彩上应体现温馨、整洁，面料多为含棉、透气性佳的材料，也可选用弹性面料，增加操作时的活动松量，女按摩师的制服不宜设计的过于暴露，不适宜穿裙装。（图 8-9）

③ 健身教练

健身教练是在酒店健身房指导客人进行健身设备使用和指导的工作人员，其制服多采用纯棉的透气面料，款式以 T 恤、运动服为主，体现健身教练的阳光和活力，给客人运动的感觉，色彩可以运用一些跳跃的颜色。

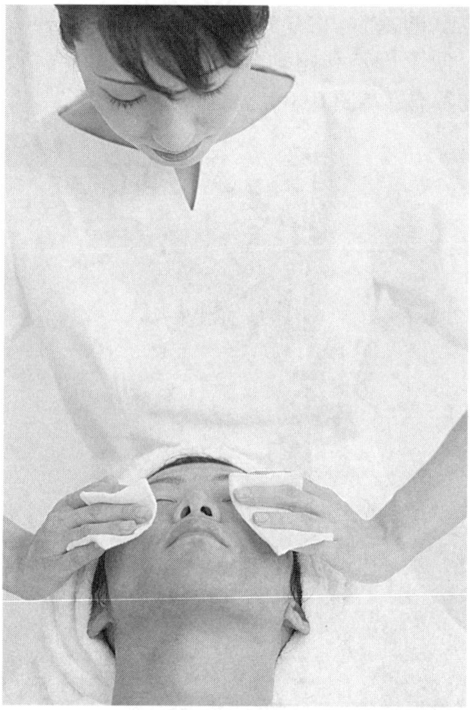

图 8-9 清爽的色彩能给客人带来放松的心情

（三）客房部

客房部比较重要的制服设计岗位有客房部经理、对客服务员和客房清扫员。

1. 客房部经理

客房部经理主要负责客房事务、人员管理，对客房部的清洁卫生、设备折旧、维修保养、成本控制（预算）、安全等负有管理责任。客房部经理要求形象稳重、大方，制服款式多为西服套装/套裙和衬衫，面料选择可参考餐厅领班的制服，色彩上应选择沉稳或温馨的颜色。

2. 对客服务员

对客服务员主要是帮助客人解决住宿中出现的问题，让客人住的舒适顺心。因此对客服务的质量给客人的感觉最深刻。对客服务员要求形象亲切体贴，多为女性员工，制服款式应以西装套裙和衬衫为主，简洁大方，色彩上可选择干净或温馨的颜色，让客户有舒心温暖的感觉。

3. 客房清扫员

客房是宾客在酒店驻留时间最长的地方，是客人休息的主要场所。客房的设施、环境和卫生给客人最直接的感受。客房清扫员要保证房间良好的卫生清洁水平，一般为女性员工，工作时经常要做下蹲、弯腰和伸臂等动作，制服可在背部设计一个折裥，增加活动松量，一般不设计裙装，而用长裤或七分裤代替，避免工作时带来不便，款式要求简洁大方、便于活动。色彩尽量选用白色、粉色等干净、温馨的颜色，面料要考虑吸湿、排汗快等功能性。（图 8-10）

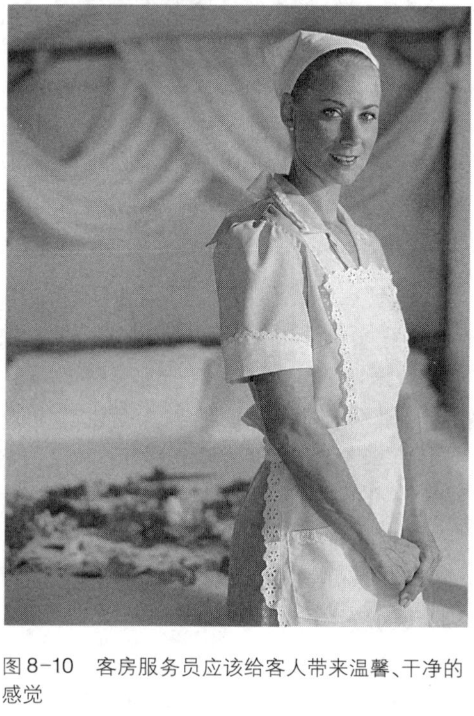

图 8-10 客房服务员应该给客人带来温馨、干净的感觉

（四）安保部

安保部是为维护酒店正常工作、生活秩序，保障客人、员工和财产安全的职能部门。作好安保工作可以增强宾客的安全感、信任感，对树立宾馆的良好形象有极其重要的作用，安保部主要的制服设计岗位是保安，保安应体现威武、庄严的精神面貌，颜色通常为灰色、深色系，可采用一些臂章、胸章、腰带等配件的装饰。但在一些外资酒店，保安的制服也会设计为西装款式，使保安在酒店大堂内巡视时不会显得特别明显，避免让客人产生距离感。（图 8-11）

（五）人力资源部

人力资源部是对酒店中各类人员形成的资源进行管理的部门，涉及到的制服设计岗位有部门经理、部门主管和文员，男女制服款式均为西服套装/套裙和衬衫，可选用毛涤、贡丝锦等较为高档的面料，色彩可为灰色或深色系。（图 8-12）

图 8-11　酒店保安人员的制服应区别与警察制服，不能给入住的客人带来距离感和威慑感

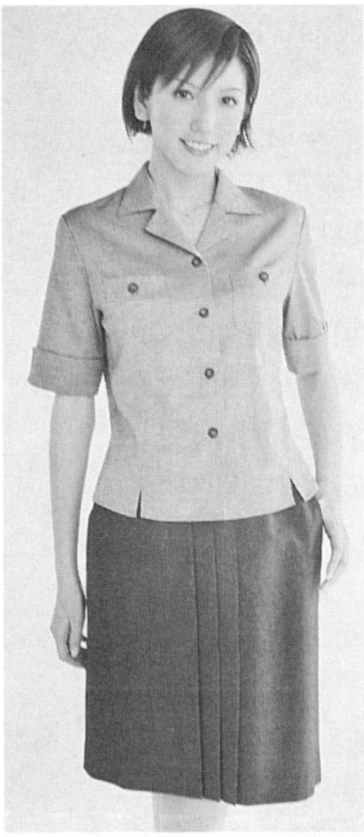

图 8-12　人力资源部的制服应大方得体

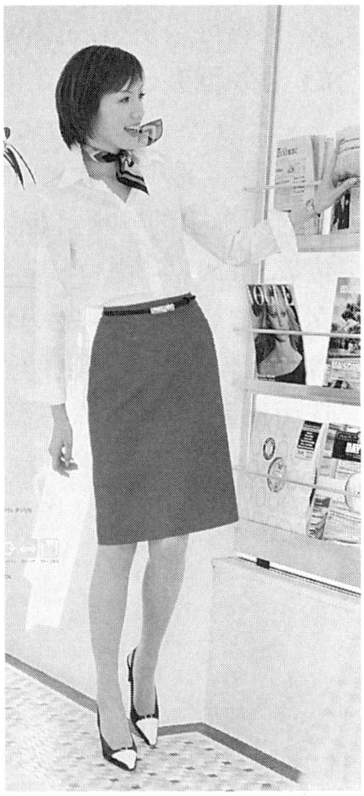

图 8-13　销售部人员要代表酒店去和客户接触，代表了酒店的形象。因此，销售人员的制服应与酒店的风格相稳合

（六）销售部

销售部在总经理和市场销售总监的领导下负责酒店的市场开发、客源组织和酒店销售工作。销售部员工的制服是酒店的一个窗口，美观又特别的制服能给客户留下深刻的印象，对酒店产生好感。男女制服款式为西服套装/套裙和衬衫，但要融入一些时尚元素，使制服看起来不拘于传统，又有自身的风格品味。（图 8-13）

（七）工程部

工程部主要的制服设计岗位是工程维修人员，他们负责酒店的各项维修工作，包括机建工

程、绿化工程、机械维护等，制服设计要注意到其使用过程中的功能性，应根据需要具备耐磨、防静电等不同功能，款式上通常为T恤、夹克衫和工装裤，口袋设计较多，可放置一些小工具，便于维修时操作，但袋口一定要收紧，防止工具滑落砸伤别人。

（八）财务部

财务部负责酒店的财务管理。涉及到的制服设计岗位有财务总监、财务部经理、会计、出纳员和收银员。男女制服款式均为西服套装/套裙和衬衫，可选用毛涤、贡丝锦等较为高档的面料，色彩可为灰色或深色系。（图8-14）

（九）总经理办公室

总经理办公室是酒店的核心部门，全权负责处理酒店的一切事务，带领全体员工共同完成酒店所确定的各项目标。涉及到的制服设计岗位有总经理、副总经理、总经理秘书和文员，男女制服款式均为西服套装/套裙和衬衫，应选用含毛量较高的高档混纺面料，做工精良，色彩应选用稳重、严谨的深色系。在有些酒店，总经理级别的员工可以穿着自己的衣服上班，但要求必须是职业套装。（图8-15）

图8-14 酒店财务部制服

图8-15 总经理办公室的制服应注重品质和品位

第二节 娱乐业制服

娱乐业是指为娱乐活动提供场所和服务的业务。经营卡拉OK、酒吧、歌舞厅、音乐茶座、台球、高尔夫球、保龄球场、游艺场所等娱乐场所，以及娱乐场所为顾客进行娱乐活动提供服务的业务。随着中国市场经济的不断完善，中国经济实力的不断壮大，中国人休闲、消费方式的不断改进，政府在内容监管上的不断开放，中国娱乐业的市场化和产业化趋势将越来越强，而娱乐业的高额利润回报也成为一个阶段内投资者有意向青睐的行业，因此，中国娱乐业还有着潜力巨大的市场空间。

一、娱乐业的行业特点

娱乐业的巨大商机可以说是娱乐提供给人们享乐、休闲和逃避工作压力的机会。社会学研究表明，娱乐和生存性劳动是反比的关系，也就是说，一个社会的工作条件越优越，报酬越高，工作时间越短，娱乐的需求性就越高，娱乐是和经济宽裕而不是经济贫乏有密切联系的[①]。休闲娱乐在人们的业余生活中占有重要的一席之地，现代人对生活水平的提高，已经不满足于休息时间呆在家中看电视、打麻将，而是希望能够加强人与人之间的交往，享受茶馆、酒吧、咖啡厅等场所带来的个性体验，这也正是休闲娱乐行业至今长久不衰的重要原因之一[②]。从社会的角度来说，娱乐最为人所知的是它"脱离现实"的特性，现代人的生活节奏快，人们希望在娱乐场所里暂时忘却痛苦，享受快乐。

二、娱乐业的主要经营项目

（一）夜店(Night Club)

夜店是指营业到第二天凌晨的服务性场所，如夜间娱乐、休闲、放松的娱乐场所，包括KTV、酒吧、迪吧、演艺厅、歌舞厅、夜总会、会所等。夜店的共同特点是为客人提供酒水、食品、空间、设施设备，让人们尽情吃、喝、玩、乐、放松为一体的综合消费。（图8-16）这些夜店场所中比较有代表性的有KTV、酒吧和会所等。

图8-16 夜店助唱歌手

1. KTV

不同于早期的卡拉OK，现在流行包厢式的KTV，在包间里只有朋友在一起，大家在一起自己用电脑点唱歌曲，还可以按自己的爱好听歌或者放DJ音乐跳舞。从大众化的量贩式

---

① 资料来源：http://baike.baidu.com/view/13772.htm

② 陈海涛.草根创业：休闲娱乐业创业路线图.北京：中国经济出版社，2010

(比如钱柜、好乐迪)到豪华的主题式(比如上海新天地内的 FAME 卡拉 OK),给客人提供相对私密的娱乐放松空间。主要的制服设计岗位有经理、领班、服务员、迎宾员、保洁员、保安等。

2. 酒吧(Bar/Pub)

酒吧最初源于欧洲大陆,后又经美洲进一步的变异、拓展,酒吧进入我国后,得到了迅猛地发展,尤其在北京、上海、广州等地,更是得到了淋漓地显现:北京的酒吧粗犷开阔,上海的酒吧细腻伤感,广州的酒吧热闹繁杂。总的来说,都市的夜空已离不开酒吧,都市人更离不开酒吧,人们需要在繁忙中遗忘,沉醉。北京是全国城市中酒吧最多的一个地方,总共有 400 左右家①。酒吧通常被认为是各种酒类的供应与消费的主要场所,酒吧的经营方式更是形形色色。(图 8-17)主要的制服设计岗位有经理、领班、迎宾员、服务员、调酒师、保洁员、保安、演艺人员等。

图 8-17 在上海火爆十年之久的"BABYFACE"酒吧

① 主酒吧(Main Bar or Pub)

主酒吧大多装饰美观、典雅、别致,具有浓厚的欧洲或美洲风格,视听设备比较完善,并备有足够的卡座和吧凳,酒水、酒杯及调酒器具等种类齐全,摆设得体,特点突出。有些主酒吧还拥有具有各自风格的乐队表演和舞蹈秀,来此消费的客人大多是来享受音乐、美酒以及无拘无束的人际交流所带来的乐趣,上海的 PARK97、RICHY、香港的兰桂坊等都是国内知名的主酒吧。

② 酒廊(Lounge)

酒廊通常位于酒店的行政楼层(也称作 VIP floor——Very important Person Floor 即非常重要人士的楼层)。比如位于上海金茂君悦大酒店 87 层的九重天酒廊,被吉尼斯世界记录千禧年版列为"世界最高的酒吧",被美国新闻周刊评为"亚洲最佳休闲去处"之一。华灯初上,临窗而

① 深圳市金版文化发展有限公司. 酒吧/百姓装修. 最佳店堂. 海口:南海出版社,2006.

坐，整个上海外滩的夜景一览无余。酒廊的经营范围、服务特点、装饰格调与咖啡厅很接近，在经营品种上多以碳酸饮料、较为知名且流行的烈酒、中西式小点心为主。来这里消费的客人与其他酒吧的客人其目的、自身素质、消费心理有所不同，由于在这个楼层住店的客人通常是政府官员、白领阶层或社会焦点人物，所以要求这里的服务人员不仅具有较好的社交能力、礼仪知识，还要了解各国的风俗习惯，方便为客人提供优质、准确到位的服务。

③ 主题酒吧(Saloon)

顾名思义，这类酒吧有着非常突出的主题特色和卖点，来此消费的客人也都是慕名而来，享受酒吧提供的特色气氛和服务的，世界上有很多独具特色的主题酒吧。比如位于红海的海星酒吧是世界上第一家水下酒吧和餐厅，酒吧在水深6米处，每张餐桌旁都有两个玻璃窗，客人可以尽情欣赏水下的风光。除了水下的自然景色外，酒吧的室内装潢也独具特色，水母形状的高脚椅和海葵式顶灯也只有在这样的酒吧才能见到。

(二) 球类休闲

目前，比较流行的球类休闲种类有台球、保龄球和高尔夫球，不同层次和不同的爱好者会来到这些娱乐场所得到休闲的机会。

1. 台球(Billiards)

台球也叫桌球，源于英国，它是一项在国际上广泛流行的高雅室内体育运动。是一种用球杆在台上击球、依靠计算得分确定比赛胜负的室内娱乐体育项目。主要的制服设计岗位有摆球员、前台收银员、保洁员等。

2. 保龄球(Bowling)

保龄球是一种持球者把球朝着球道上排成正三角形的十个球瓶用滚动的方式击倒的运动。保龄球具有娱乐性、趣味性、抗争性和技巧性，给人以身体和意志的锻炼。由于是室内活动，不受时间、气候等外界条件的影响，也不受年龄的限制。主要的制服设计岗位有接待员、服务员、机修工、保洁员等。

3. 高尔夫球(Golf)

高尔夫球是一种以棒击球入穴的球类运动，是荷兰文 kolf 的音译，意为"在绿地和新鲜氧气中的美好生活"。由此可以知道，高尔夫球是一种在优美环境中进行的高尚娱乐活动。因为玩这种运动设备昂贵，所以在一些国家又叫它"贵族球"。它是一种把享受大自然乐趣、体育锻炼和游戏集于一身的运动。如今，高尔夫球运动已经成为贵族运动的代名词。(图8-18)主要的制服

图8-18 打高尔夫球是一项具有特殊魅力的运动。它是人们在天然优雅的自然的绿色环境中，锻炼身体，陶冶情操，提高技巧的活动

设计岗位有球童主管、球童、教练、球车服务员、巡场人员、保安、绿化养护人员等。

（三）会所（Club）

会所原来是一个舶来品，意思是身份不凡人士聚会的场所，公共会所又分为商业类会所和度假类会所。商业类会所是以商业为主的俱乐部会所，它们多为会员制并且收费较高，比如2001年由中银集团创办的银行家俱乐部，配有奢华餐厅和十几套五星级标准的卧室，会员的入会年费5万元人民币起；度假型会员俱乐部多以休闲、娱乐活动为主，比如上海佘山国际高尔夫俱乐部是上海地区第一个纯私人制高尔夫俱乐部，有着严格的入会制度，除了高尔夫球外，还有客房、餐厅、康体水疗中心，会员大都是在各个领域深具影响的精英人士，俱乐部以拥有世界顶级的锦标赛场地和会所而备感自豪。主要的制服设计岗位有迎宾员、服务员、销售人员、会员服务部经理、预订接待等。

三、娱乐业主要岗位的制服

（一）总经理

总经理主要工作除了计划整个酒吧的营销策略外，还要根据各部门的实际情况制定出人员的培训及相关管理方案。作为酒吧的总经理需要具备宣传计划，人力资源选拔，根据每天的上客率和时间制定营销方案。总经理要求形象庄重、干练、可信，制服款式多为西服套装和衬衫，色彩最好选用深色等相对低调的颜色。面料上多采用较为高档和舒适的面料。

（二）领班

领班主要是带领员工工作，督导员工、负责工作上出现的大问题及客户方面的一些问题，让服务工作更完善。当营业场所出现未到达经理级别的小规模客人纠纷时，领班需要负责受理客人投诉，妥善处理客人与营业场所之间发生的问题，对客人提出的问题进行协助解决或做出合理的解释，与客人之间保持良好的沟通关系。领班制服要求端庄不失时尚，青春又不失优雅，多为西服套装和衬衫的款式，可适当加入一些时尚元素，外套以深色为主，衬衫色彩可根据需要进行选择。

（三）服务员

服务员体现了一个娱乐场所的服务态度和质量水平，是直接与客人进行交流的岗位，服务员的制服应充分体现该娱乐场所的特色和职业特点。其中夜店服务员的制服款式和色彩应时尚并符合该店的主题和环境，以西式制服为主，特别是一些主题酒吧的服务员制服，更是要让人眼前一亮，也可以增加酒吧的气氛。服务员工作时需要制服有一定的松量，这样便于操作，而且制服面料应穿着舒适、耐洗涤。

（四）迎宾员

迎宾员的主要工作职责是带领客人找到以及安排座位，期间不可避免地与客人有着交流，谈话。领位迎宾员更是客人进入场所时的第一印象，要求形象亲切、有活力，能带给客人视觉上的舒适感。领位迎宾员的制服要与服务员制服区别开来，但在风格上应保持一致，款式可以借鉴一些礼仪制服，迎宾员大部分时间都是站在店门口工作，因此要特别注意制服的季节性。

（五）保洁员

保洁员的工作除了清理杂物和垃圾，也包括了需要合理划分工作区域，制定区域负责制度，每日负责各区域卫生清洁及绿化设施情况，保证场所的良好运转。保洁员通过对公共区域的清洁、保养工作，为宾客提供舒适、干净、方便的活动环境。保洁员的形象应干净整洁，与周围环境协调融合，色彩以白色、灰色、蓝色等朴素颜色为主，面料上以舒适、吸汗为主。衣服袖口多为七分袖，方便做清洁工作。（图8-19）

（六）保安

保安在各娱乐场所承担着安全职责，是娱乐场所正常营运不可或缺的重要岗位人员。特别在夜店娱乐场所，无论是酒吧纠纷还是客人饮酒过度等诸多涉及安全事宜都需要酒吧保安来负责。保安的形象需要严谨、严肃，但又不可破坏娱乐场所让人放松的整体气氛，一般不采用警察制服的改良款式，而多为西服套装款式，在工作巡视时不会使客人产生紧张情绪，色彩多为沉稳和庄重的黑色、深蓝色。

（七）调酒师

每一个夜店场所都离不开各种酒类，调制的鸡尾酒更是夜店不可缺少的单品。调酒师的主要工作职责是能运用自己掌握的酒水知识，来分析客人的消费需求，给客人调配所需的酒品。调酒师多为男性，即使是女性调酒师也会穿着的比较中性化，款式多为西式衬衫、马甲、西裤和围裙，色彩以简洁的白色、黑色等纯净色为主。（图8-20）

（八）演艺人员

一些娱乐场所中会有演艺人员在其间为客人表演节目或领舞，运用自己的舞蹈功底在音乐的配合下跳出可以活跃气氛的舞姿，商业用途和艺术效果好，这也适合娱乐场所的需要，所以至今一直受到娱乐场所的推崇。员工制服要配合不同的节目和派对主题，款式上多为火辣性感，也可依据警察、护士、学生制服做大胆的改良，色彩上讲究时尚多变，除了常规面料外，还可用弹性、漆皮或闪亮的

图8-19　保洁员制服的设计应考虑实用和美观的结合

图8-20　调酒师对身高和容貌有一定的要求，当然也并非要求靓丽如偶像明星，关键是要有由得体的服饰、健康的仪表、高雅的风度和亲善的表情展示出来的个人气质

面料，旨在表现出该娱乐场所的营销理念，吸引客人的光顾。（图 8-21）

（九）球童

球童是指在打球时为球员携带和管理球杆，并按照规则帮助球员打球的人，多数为女性员工。球童不仅是整个俱乐部的运送人员，还是球场的“颜面”，球童的形象常常能够影响到客人对该俱乐部的评价，因为在整个球场中，只有球童和客人相处的时间最长。制服多为 T 恤、纯棉休闲裤、针织背心、卫衣等款式，色彩明快、轻松，并配有帽子，除了装饰美观外，还起到遮阳、防晒的作用。制服的企业标识性应显著，用以突出与客人的区别。

图 8-21　火辣性感的助场舞者

第三节　学生制服

学生制服又称“校服”，是学校规定穿着的统一样式的服装，是一个学校精神风貌的表现。菁菁校园无处不张扬着青春热力，年轻的欢声笑语充斥着每一个角落，而每一个学生正是这飞扬青春最直观、最生动的载体，是校园里流动的风景。在当今社会，让学生统一穿着校服，有利于培养学生的团队精神、强化学校的整体形象、增强集体荣誉感。而设计新颖的校服，不仅能给社会公众树立管理规范、治学严谨的学校形象，还能培养学生的集体荣誉感和团队精神，从而激发内在潜能，好学上进。

一、学生制服的特点

对于学生来说，制服是连接学校与自己的纽带，带有集体认同感与归属感。由于每个学校的学生制服各不相同，所以可以容易地分辨出是不是自己学校的学生，优秀的学生制服已经变成了美的象征、年轻的象征。不同国家的学生制服有其不同的特点，不同类型的学校制服也有其不同的特点。

（一）中国

在我国，国家教育部在 1993 年就下发文件，要求加强中小学生着装工作。但国内多数学生制服款式陈旧，“千人一面”现象严重，压抑了学生的个性发展，而且校服结构大多极为松垮，无法体现出学生应有的活泼好动、生气勃勃的特性。纵观国内各中小学校服，各年龄段在款式结构上基本没有什么差异，不能体现不同年龄段孩子的心理和生理特征，特别是进入中学阶段，与小学生有很大的不同，他们已开始具备明确的性别意识。校服是陪伴学生多年的服装，但一些质地粗糙、不吸汗、起静电的服装面料,让穿着者有明显的不适感,对学生身体健康十分不利。对此,中国纺织工业协会已制定了一些相应的标准:如中华人民共和国行业标准"FZ/T73021—2004 针织学生服"等,希望能对校服质量的提高有所帮助。

(二)英国

英国校服款式经典、简洁大方,学校要求学生必须穿着正统西式校服,男生为正统西装、正规皮鞋、需要佩戴领带;女生也是统一西式正统服装、正规女式皮鞋、必须佩戴领花。这种经典的校服款式,以及严谨细致的服饰搭配,潜移默化地影响着英国学生的气质和审美。英国的校服从细部体现了英国人言行自制、缄默含蓄的精神,合体笔挺的板型、优良的品质以及花样繁复的校徽、帽徽,无一不显示着英国人特有的风度和气质。英国位于北纬 50 度至 60 度之间,冬无严寒,夏无酷暑,这种温和的气候使女生可以四季穿着裙装而不会觉得寒冷不适,因此,英国学生的校服一直有男裤、女裙的性别差异。英国校服也非常注重能够体现身份地位的细节和标志,学生的帽饰作为学校文化的一种形式,成为身份、地位的标志和象征,从某种程度上讲,帽饰已成为一个学校整体形象的重要组成部分。在英国传统的学生制服中,徽章和领带是必不可少的重要元素。徽章分为大小两种,一种位于外套胸前的口袋上,另一种尺寸较小的用在帽子正中央。

(三)日本

时尚化的款式设计是日本校服的优势。日本的校服对学生来说不仅仅是学校的标志,而且是时髦的象征,其成功之处在于男生校服阳刚帅气,女生校服娴雅可爱,设计上逐渐汲取了流行元素,款式变得更为时尚,如女生冬季校服会配以统一的毛衣或者外套,下身无论冬夏,皆为膝上短裙,这在很大程度上帮助日本中学生树立了健康的性别意识。同时,日本校服设计有着强烈的与时俱进意识,能够随着流行的变化,不断汲取时尚元素对校服改进,这种设计有效地提高了日本新一代年轻人的审美水平,也符合学生积极向上的现代意识。日本人在潜意识里非常注重统一制服所带来的社会认同感,他们在生活中非常重视制服类服装,也愿意用心把这类服装做好。这种文化背景使日本中学生喜爱这种大体统一,细节个性的学生制服,日本的学生校服已经成为国民文化不可替代的重要组成部分。

(四)韩国

韩国人崇尚"勤勉、朴素、博爱",因此韩国人也非常注重制服类服装。韩国校服在款式上较为西化,各校的校徽一般以机绣的方式绣于校服上衣左胸位置,有些学校的校服还有统一的配饰,如帽子、长袜等。尽管韩国气候四季分明,但中学校服并未因寒冷而舍弃男女生的性别差异,韩国女生冬季校服下身依然着及膝裙,以保暖的毛质紧身长袜代替长裤,这样既注重了校服的保暖性,又保证了款式的美观和男女校服的差别。韩国校服已作为成衣的一个品类在市场上参与商业竞争,并逐步形成特有品牌。校服制造商在销售中非常注意广告宣传,很多校服品牌不惜以重金邀请当红青春偶像作代言人,如 SMAT 品牌的校服就请当红偶像文根英为代言人。以这些当红偶像作为模特拍摄的精美校服宣传海报,往往可以非常有效地吸引中学生的注意,而中学生对偶像崇拜模仿心理,不仅使拥有偶像代言的校服品牌销量大增,也使学生真正喜欢自己的校服,并以身上的校服为荣。

二、学校的主要类型

我国的学校分类主要有两大类:学历教育(小学;中学:普通初级中学、普通高级中学、高级职业中学、中等专业学校;大学:普通大学、军校学院、高职专科院校)和非学历教育(幼儿教育、学前教育、特殊教育、各级各类的培训学校)。

(一) 普通教育学校(General Education)

普通教育学校是按照国家规定的设置标准和审批程序批准举办的,给学生提供正常的教育教学秩序和生活秩序,保障学生身心健康,促进学生德、智、体、美、劳全面发展,让学生的知识面更为广泛。

(二) 技术学校(Technical School)

技术学校是培养某种专业技术人员的中等职业学校或培训机构,通过技术培训可以增强市场就业竞争力。通过技能考核合格后可以得到国家认可的职业资格证书和学历证书。技术学校比普通教育学校更侧重于某项技能的提高。比如电脑技能培训,汽修技能培训,厨师技能培训等。技术学校具有针对性,注重学员技术的提高。目前国家技术人才比较稀缺,国家很重视技术人才的培养。

(三) 军事院校(Military School)

军事院校是军队所属的以培养军事人才为主要任务的学历教育院校和非学历教育院校的统称,包括综合型院校、指挥院校、工程技术院校、军事医学院校、士官学校等,其中指挥院校又分为高级指挥院校、中级指挥院校、初级指挥院校。军事院校是培养军事人才的主要场所,对于国防和军队建设具有十分重要的作用,这类型院校较其他学校更为严谨、严肃。

三、学生的主要制服

(一) 正装

学生在教室里上课或参加升旗仪式等重要活动时,应穿着衬衫、西服式样的套装,以体现正规的学院风格。学生的年龄层在6~20岁左右,制服应区别于成人服装,要体现学生青春朝气的活力。夏季制服上衣为短袖衬衫,下身女生多为及膝裙,男生为长裤;春秋制服上身为长袖衬衫,外衣为西服式外套,女生下身为及膝裙或长裤,男生为长裤。小学生和中学生的制服要青春活泼,女生裙子多为A型裙或褶裥裙。大学生的制服要充满朝气,可偏向成人化,女生裙子可为一步裙。西服式外套应为休闲款式,多为贴袋设计。女生可配戴领结或丝巾,男生配戴“一拉得”领带,各校的校徽一般以电脑机绣徽章的方式缝钉于校服上衣胸前位置,起到标识和装饰的作用。衬衫面料多为涤棉面料,易洗快干、好打理。西服面料多为爵士呢、卡其、贡丝锦等,夏裤为粘胶纤维面料,透气快干。色彩可为白色、蓝色等清爽的颜色。(图8-22)

图8-22 休闲款的改良正装应用在学生制服中

(二)运动装

在体育课和运动时,学生应穿着统一的运动装,夏装为短袖T恤、运动裤,春秋装为长袖运动服和运动裤。T恤样式有翻领和圆领,不宜为过于紧身的款式。运动服的款式可有一些分割和拼接,体现韵律感。色彩多为白色、浅蓝、浅粉等干净年轻的颜色。面料为全棉或涤棉材质,注重吸湿排汗的舒适功能。(图8-23)

图8-23 运动装的学生制服应该将舒适和美观性相结合

(三)礼服类

礼服类学生服用于节日期间或毕业典礼时穿着,比如学位服、仪仗队礼服等。这些服装与平时学生的制服在款式上有很大的差异,仪式感强。世界各国、各校的学位服虽有差异,但基本款式大同小异。1994年,国务院学位委员会审定通过了新中国自己的学位服样式,并作出决定:作为统一规范的学位服,向全国学位授予单位推荐使用,其他样式的学位服一律废止。这套统一规范的学位服,包括博士服、硕士服两级学位服和校长服,由学位帽、流苏、学位袍、垂布等四部分构成。设计上既考虑了体现中国特色,符合世界惯例,利于统一规范的原则,又兼顾到学位的分级、学科的划分、学校的特点等认同、管理因素。(图8-24)

图8-24 学位获得者在学位授予仪式上穿戴表示学位的正式礼服,是其获得学位的、有形的、可见的标志之一

第四节　金融业制服

金融业是指经营金融产品的特殊行业，它包括银行业、保险业、证券业、信托业和租赁业。金融业在国民经济中处于牵一发而动全身的地位，关系到经济发展和社会稳定，具有优化资金配置和调节、反映、监督经济的作用。金融业的独特地位和固有特点，使得各国政府都非常重视本国金融业的发展。我国对此有一个认识和发展过程，过去我国金融业发展既缓慢又不规范，经过十几年改革，金融业以空前未有的速度和规模在成长。随着经济的稳步增长和经济、金融体制改革的深入，金融业有着美好的发展前景①，也给其行业制服带来了更大的需求空间。

一、金融业的行业特点

金融业具有指标性、垄断性、高风险性、效益依赖性和高负债经营性的特点。指标性是指金融的指标数据从各个角度反映了国民经济的整体和个体状况，金融业是国民经济发展的晴雨表；垄断性是指金融业是政府严格控制的行业，未经中央银行审批，任何单位和个人都不允许随意开设金融机构，信贷业务主要集中在四大商业银行，证券业务主要集中在国泰、华夏、南方等全国性证券公司，保险业务主要集中在人保、平保和太保；高风险性是指金融业是巨额资金的集散中心，涉及国民经济各部门、单位和个人，其任何经营决策的失误都可能导致"多米诺骨牌效应"；效益依赖性是指金融效益取决于国民经济总体效益，受政策影响很大；高负债经营性是相对于一般工商企业而言，其自有资金比率较低②。金融业是一个特殊的服务行业，社会影响大，客观上要求金融从业人员具有良好的形象和职业道德，他们工作环境都比较整洁，是人们眼中的"白领"人士。

二、金融业的主要业务分类

（一）银行业（Banking Sector）

银行是通过存款、贷款、汇兑、储蓄等业务，承担信用中介的金融机构。银行是国家的金融机构之一，而且是最主要的金融机构。主要分为高管/运营类、银行/财政金融类、投资/融资/担保/理财类。主要岗位有CEO、总裁、总监、合伙人、分公司、分支机构经理、银行/财政/金融经理、风险控制/外汇交易、资金/交易管理、资产管理/评估、信贷管理、信用调查等职位。（图8-25）

图8-25　近年来，中国银行业改革创新取得了显著的成绩，整个银行业发生了历史性变化，在经济社会发展中发挥了重要的支撑和促进作用，有力的支持中国国民经济又好又快地发展

① 张伟，张海峰. 现代金融学. 武汉：武汉理工大学出版社，2004.

② 资料来源：http://baike.baidu.com/view/20258.htm

(二) 证券业(Security Activities)

证券业是证券市场的基本组成要素之一,也是从事证券发行和交易服务的专门行业。主要经营活动是沟通证券需求者和供给者直接的联系,并为双方证券交易提供服务,促使证券发行与流通高效地进行,并维持证券市场的运转秩序。主要由证券交易所、证券公司、证券协会及金融机构组成。涉及到证券/外汇/期货类、风险/基金类、顾问/咨询类。主要岗位有证券/外汇/期货经理、证券/期货/外汇经济人、证券分析师、媒体分析师、产权交易类、股票/期货操盘手、基金经理、基金产品开发、基金销售等职位。

(三) 保险业(Insurance Industry)

保险是以契约形式确立双方经济关系,以缴纳保险费建立起来的保险基金,对保险合同规定范围内的灾害事故所造成的损失,进行经济补偿或给付的一种经济形式。是社会繁荣和个人有福的象征。只有在社会开放、经济发展的国家和地区才有保险,越发达的国家其保险业越发达。进入新世纪,人类前进的步伐更是不断加快,经济发展、技术进步、全球化进程,我们面对的是一个快速发展变化着的世界,世界在变,社会在变,传统的风险在变化,新型的风险不断涌现,保险业面临着巨大的挑战,也面临着广阔的发展机遇。主要岗位有保险业务经理、保险代理、保险顾问、财务规划师、保险核保、保险理赔等职务。

三、金融业主要岗位的制服

(一) 管理人员

管理人员是指在组织中行使管理职能、指挥或协调他人完成具体任务的人。干练与沉稳是管理人员制服必须具备的要求,男女均为西服套装/裙,上衣与裤子/裙子成套,其面料、色彩、款式一致,风格相互呼应。通常,西服套装有两件套与三件套之分。两件套包括一衣和一裤,三件套则包括一衣、一裤和一件背心。按照人们的传统看法,三件套西装比两件套西装更显得正规一些,剪裁讲究合身严谨、体现穿着者挺拔的气质,西装应为蓝、黑、灰等深色颜色、通常不宜采用浅色、花色或艳色。品质精良的白衬衫是不可缺少的单品,西装、衬衫和领带搭配大方得体。管理人员按所处的管理层次可分为高层管理人员、中层管理人员和基层管理人员,设计时可以通过上衣的纽扣数量(一粒纽扣、两粒纽扣、三粒纽扣)等细节来区别。(图8-26)

图8-26 管理人员制服要求稳重得体

(二) 柜面接待员

图 8-27 金融业柜面人员代表了形象和信任

柜面接待员负责直接面向客户的柜面业务,有操作、查询、咨询等,是单位接触大众客户的第一面镜子,是展现行业形象最重要的一个部分。柜面接待员应给人专业、亲切和信任感,男女制服应为西服套装/裙和衬衫,整体上要体现金融业行业理性与感性兼具的现代独立形象,服装造型线条流畅,轮廓自然舒展。正常情况下,柜面接待员是保持坐姿接待客户,因此,西装不宜短于腰部,衬衫领口不能开得过低,不应设计低腰裤子或高于膝盖的裙子。这些款式虽然时髦、时尚,但会给工作带来不便,影响工作效率,上衣的领型、门襟、袖口以及领带、领结都是设计的关键,领带和领结的图案应结合企业的标识进行定制,使制服对企业的形象宣传起到更大的作用,色彩的选择因根据企业的形象需求和工作环境色,可以沉稳大方,可以年轻活力,传达给客户良好的员工形象和企业形象。(图 8-27)

(三) 业务员

业务员是指负责某项具体业务操作的人员,例如负责采购的人员、负责销售的人员等等。业务员应非常熟悉自身的业务,活泼而充满亲切感,制服应显出业务员干练、大方的形象,这些可以为客户代表增添好感,为企业加分。款式以西服套装/裙和衬衫为主,女性员工裙子不宜过短,领口不宜太低,不能给人轻浮的感觉,面料的选择应注重舒适性和质感。

第五节 公共交通业制服

发展现代交通业是经济社会发展的客观要求,社会经济快速发展,对外开放日益扩大,工业化、信息化、城镇化、市场化、国际化深入发展,经济结构加速调整,消费结构逐步升级,城乡区域协调发展,带来了旺盛的客货运输需求,安全可靠、经济高效、便捷舒适乃至个性化的价值取向不断增强,对公共交通提出了新的更高要求,只有继续扩大交通供给能力,不断提高运输服务水平,才能主动适应经济社会发展的客观要求。加快发展现代交通业是新时期交通发展的重大战略,公共交通是国民经济的基础性产业,也是服务性行业,是现代服务业的重要组成部分。其工作人员的良好形象代表了运输行业的窗口,也体现了一个城市的精神风貌。

一、公共交通业的行业特点

公共交通又称公共运输,泛指所有收费提供交通服务的运输方式,也有极少数免费服务。

广义而言,公共运输包括铁路、公路、水运、民航等交通方式,各种运输方式各有自己的优势与特点:铁路运输能力较大,速度较快,成本较低,适于中长距离的客货运输;公路运输投资相对较小,机动灵活,可实现门到门的运输,适于短途客货运输;水路运输具有运量大、能耗少、成本低,以及基建设施投资少的优点,但速度慢;航空则速度快,但成本高,适于中、长距离的客运与邮件运输①。狭义的公共交通是指城市范围内定线运营的公共汽车及轨道交通、渡轮、索道等交通方式。

二、公共交通业的主要运输方式

(一) 航空运输(Air Transportation)

航空运输是使用飞机、直升机及其他航空器运送人员、货物、邮件的一种运输方式,具有快速、机动的特点,是现代旅客运输,尤其是远程旅客运输的重要方式,代表了一个国家的形象。基于航空运输对发展国民经济和促进国际交往的重要意义,多数国家都很重视发展航空运输事业,航空运输企业经营的形式主要有班期运输、包机运输和专机运输。通常以班期运输为主,后两种是按需要临时安排。班期运输是按班期时刻表,以固定的机型沿固定航线、按固定时间执行运输任务。当待运客货量较多时,还可组织沿班期、运输航线的加班飞行。航空运输的经营质量主要从安全水平、经济效益和服务质量三方面予以评价,目前全球现运营的航空公司有上百家,竞争也是非常激烈。

(二) 铁路运输(Railway Transportation)

铁路运输是一种陆上运输方式,以机车牵引列车在两条平行的铁轨上行走,但广义的铁路运输包括磁悬浮列车、缆车、索道等非钢轮行进的方式,或称轨道运输。铁路运输是其中一种最有效的已知陆上交通方式。在未来的铁路发展中,大城市快速运输系统将同全国铁路网连接,紧密配合,形成客运统一运输网。铁路运输具有安全程度高、运输速度快、运输距离长、运输能力大、运输成本低等优点,且具有污染小、潜能大、不受天气条件影响的优势,是公路、水运、航空运输所无法比拟的。在瑞士,火车是旅行中的重要工具,其特征是快捷、可靠、舒适和整洁,在苏黎世和日内瓦的入境机场都有主要火车站,瑞士的铁路系统总长达5 000公里,可以说这是世界上最密集的铁路交通网。

(三) 水路运输(Water Transport)

水路运输是以船舶为主要运输工具、以港口或港站为运输基地,以水域包括海洋、河流和湖泊为运输活动范围的一种运输方式。水运至今仍是世界许多国家最重要的运输方式之一。水路运输是目前各主要运输方式中兴起最早、历史最长的运输方式。其技术经济特征是载重量大、成本低、投资省,但灵活性小,连续性也差,发展中国家和一些岛国的水路客运仍将在现有水平上有所发展。发达国家的水路客运将以旅游为主,最具震撼力当属豪华邮轮,它好比水上的五星级酒店,船上设施一应俱全,世界上最大的豪华游轮"海洋自由号",它的尺寸相当于"泰坦尼克号"的3倍,身长更是超过了著名的埃菲尔铁塔,可容纳4 370名乘客及1 360名船员,其奢华程度也超乎人们的想像,它不仅拥有高尔夫球场、冲浪游泳池,还建有6层楼高的购物中心和能容纳1 300人的剧院。

---

① 沈志云,邓学钧编著.交通运输工程学(第二版).北京:人民交通出版社,2003.

（四）城市交通（Urban traffic）

城市道路系统间的公众出行和客货输送因城市的规模、性质、结构、地理位置和政治经济地位的差异而各有特点，但都是以客运为重点，并在早晚上下班时间形成客运高峰。城市公共交通为旅客运输，客运工具有公共汽车、有轨电车、无轨电车、地下铁道、出租汽车等，是最为普遍的一种大众运输工具，公共交通工具载量大，运送效益高，能源消耗低，相对污染小，运输成本低。因此，优先发展城市公共交通是解决城市交通拥挤、阻塞的措施，也是节约能源、减少污染、改善城市环境的重要途径。

三、公共交通业主要岗位的制服

（一）驾驶员

无论是飞机、轮船还是汽车等交通工具的操纵都离不开驾驶员，驾驶员多为男性，也有极少数女性，他们是乘客安全准时到达目的地的保障之一，形象上应给人安全稳重感。制服款式为西服套装和衬衫的正装，讲究合身但不影响工作操作，西装面料要挺阔，但不能过于厚重，以涤棉、毛涤、羊绒面料为首选，颜色以黑色为上乘色，细节上可以运用肩章、口袋、徽章、帽子来突出驾驶员的威严。（图 8-28）比如民航飞行员的制服，夏天都是白色的衬衣，冬天一般都是黑色、藏青色的西服和大衣，颜色基本上全球统一，但是款式细节是各个航空公司制定的。

图 8-28　驾驶员要给乘客稳重安全的感觉

（二）乘务员

乘务员在交通工具行使其间确保乘客旅途中的安全和舒适，指导乘客使用安全设备以及在紧急情况下组织乘客逃离等等提供相应的服务和帮助。不同交通工具上的乘务员有着具体的工作，要求给人亲切大方的感觉，这种服务性质强的工作人员多是经过严格挑选出来的，尤其针对空姐的挑选更为严格，对外形和气质上都有很高的要求。男女制服款式多为西服套装/裙和衬衫，整体搭配宜精不宜多，其中公路和铁路、水路运输乘务员的款式较为传统，面料多为涤棉和毛涤成份。而航空乘务员的制服，特别是女空乘员款式可以相对时尚一些，设计的发挥空间更大，服装的门襟、领型、下摆、袖口等细节都是设计的重点，面料可选择一些全毛和羊绒的高档面料，色彩的选择和搭配应参考各公司的标识色。航空乘务员制服属于这类制服设计中较为高端且难度较大的设计，比较考验设计者的才能。目前，许多航空公司都选择与知名品牌联手打造其航空品牌的高端形象。（图 8-29）

（三）维修人员

维修人员负责对交通工具故障的维修和保养，是一项十分专业和高技术性的工作。但他们所处的工作环境较差，容易沾染油污和灰尘等物质，此类制服应属职业工装，可以选择夹克和休闲裤的款式，为适应工作时的肢体活动，适当增加制服的松量，款式细节的设计多取决于功能上的需要，制服以功能实用性、工作舒适性为主，色彩应选取类似深灰色的耐脏颜色，面料多为含棉或经过特殊加工处理的材质，可根据需要具有防油污、防水、防静电、防尘、防侵蚀等特殊功能。（图 8-30）

图 8-29　乘务员制服大方得体，给乘客提供相关的服务

图 8-30　维修人员的制服更多的要考虑工作操作的实用性

第六节　商品促销业制服

随着经济的飞速发展，人们的物质生活水平不断提高，各种各样为满足人们不同需要的商业产品像雨后春笋般纷纷涌现，同类产品之间的竞争也非常激烈。营销者向消费者传递有关本企业及产品的各种信息，说服或吸引消费者购买其产品，以达到扩大产品销售的目的，社会上对这种市场营销活动也叫做“促销”。此时，促销人员穿着的制服将会对产品的销售产生一定的作用，在实际生活中，产品促销制服不论采用何种设计方法，都应当使之适应实际工作的需要，并且有助于展现本企业和销售产品的形象。

一、商品促销业的行业特点

马克思主义经济学认为，在生产力诸要素中，人是最活跃的因素 。现代商业行业管理中，员工不仅是企业实现经济目标的要素，也是具有自身需求和社会价值的个体，应熟悉自己所推销产品的特点，掌握关于优点、缺点、价格、技术、品种、规格、竞争产品和替代产品的信息，但产品是经常变化出新的，当一种商品在市场上的占有率达到一定的程度，就会被新的商品所替代，而消费者的本性是不会发生变化的，如果一个推销人员只是根据产品的特性来推销，而不是根据客户的特性来推销，那他只是一个活动的产品说明书，而不是一个合格的推销人员。促销主要有以下几个目的：一、新商品上市；二、提升品牌知名度；三、清理库存商品。美国 IBM 公司创始人托马斯 · J · 沃森（Thomas J. Watson）说过："科技为企业提供动力，促销则为企业安上了翅膀"①。因此，如何利用促销扩大企业的产品销售力、提升品牌知名度，对企业来说是一个十分重要的课题。

二、商品促销业的主要分类

（一）美容产品（Beauty products）

随着消费意识和健康观念的提高，人们对美容类产品的选择也在不断发生着根本性地转变，表现为对美容产品的包装、规格、功效、价格以及服务等进行选择，同时也更加关注产品的品质和内涵是否满足自身健康和心理需求；是否符合时尚高雅的生活理念。美容产品既是一个产业也是一种文化，借用犹太人的一句话：女人和孩子的生意是最好的商机，美容产品正是包含了该项。如今，美容产品品牌竞争的焦点是在产品文化、产品质量和企业形象上，目前美容产品市场上主要有两大类产品，一种是化工类产品，一种是生物类产品，主要包括护肤产品（具有养颜美容的功能，能增强皮肤的弹性和活力）、彩妆产品（具有修饰和美化脸部五官的功能）等。

（二）电子产品（Consumer electronics）

电子产品在不同发展水平的国家有不同的内涵，在同一国家的不同发展阶段也有不同的内涵。消费类电子产品是指用于个人和家庭与广播、电视有关的音频和视频产品，主要包括：电视机、影碟机、录像机、摄录机、收音机、收录机、组合音响、电唱机、激光唱机等，此外，电话、笔记本电脑、家庭办公设备、家用电子保健设备、汽车电子产品等也归在消费类电子产品中。随着技术发展和新产品的出现，数码相机、手机、PDA 等产品也成为新兴的消费类电子产品。电子产品由于科技快速发展，更新换代的速度很快，所以需要快速的占领市场，第一时间吸引更多消费者的眼球。

（三）生活日用品（Commodity）

生活日用品是人们日常使用的物品，是生活必须品，包括家庭用品、家居食物、家庭用具及家庭电器等。这些产品与人们的生活息息相关，贴近老百姓每天的生活。比如洗衣粉、洗衣液等洗涤用品；电饭煲、电磁炉等小家电；食用油、零食等食物；牙膏、洗发水等洗漱用品。

---

① 资料来源：http://www.chinavalue.net/Article/Archive/2006/9/27/44568.html

三、商品促销业的主要制服

商业制服要求统一的制服给人以整洁的感觉，使客户觉得公司整体形象甚好，使业务员在与客户攀谈时留下好印象。商业产品行业需要外在的包装，需要给人良好的第一印象，让客户可以在利益驱动下，破除“购买习惯”。商业产品行业对销售人员形象的要求比较具有客观性，它受到条件和环境的影响较为严重。

（一）美容产品

美容产品的销售专柜集中在不同档次百货商场的化妆品区域，每个品牌有自己的产品展示和销售区，产品的功效和成份不同，销售的卖点也就不一样，销售人员会一对一的为消费者提供咨询服务，帮助消费者选择到适合自己肤质和需要的美容产品。销售人员形象上要求气质佳、皮肤好，让消费者有一种对该品牌产品的信任倾向，以往美容产品都是女销售员，随着经济的发展和社会的开放，个别品牌还特别选择男性员工作为销售人员。男女制服款式要时尚、简洁、大方，男性销售员多为黑色修身西服套装配白色、黑色衬衫，女性销售员多为修身小西装配衬衫或连身裙。一些彩妆品牌的美容品主打年轻活泼的风格特色，可以设计为T恤和休闲裤的款式，给消费者带来轻松的购物体验。制服的胸前会刺绣和胶印该品牌的LOGO，来提高品牌识别度。制服的色彩应根据美容产品的主打风格和品牌标识色而定，多为白色、米色、天蓝色、灰色等素色系，来烘托产品的纯净，让购买者心情愉悦。面料可选一些涤棉或化纤的面料，易洗快干。（图8-31）

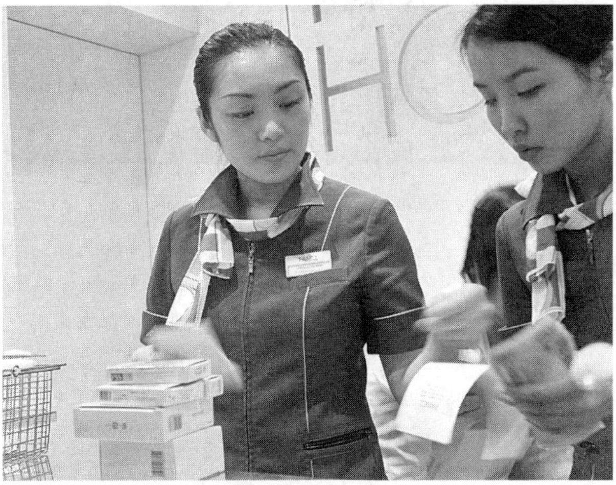

图8-31　日本知名化妆品牌“FANCL”2010年销售人员

（二）电子产品

电子产品具有一定的科技感、时尚感，主要在大卖场和电子产品的专营店里销售。电子产品的更新速度较快，主打的特色卖点也不同，电子信息企业将在节能和环保技术上投入资金和研发力量，成为产业发展的一大热点。男女制服款式多为时尚、休闲的款式，款式随着产品的变化而不断更新，通常在产品刚刚推广期间时穿着，穿着时间并不长，因此，没有必要选择高档面料，可以选择一些漆皮或有光感的涂层面料来打造制服的科技感。色彩的选择应参考电子产品的颜色，可根据需要用相近色或对比色，使制服能更好的衬托出电子产品的外观。

（三）生活日用品

生活日用品主要在大卖场和超市中销售，消费群主要是女性，特别是针对家庭主妇，她们对这些日用品的功能、价格、外观都是有选择的。因此，销售人员多为女性，形象上给人温馨感，制服款式多为衬衫、裙子/连身裙，前身可系一条围裙，体现居家风格，拉近与消费者的距离感，围裙前或上衣背部多有刺绣/胶印的品牌名称，扩大该用品的宣传度，色彩上选用亲切、

和谐的暖色调，比如米色、浅粉色、咖啡色等。可选择一些化纤面料，易洗耐磨，而且价格低廉。（图8-32）

图8-32 生活日用品的促销人员要有亲和力

第七节　国家机关制服

国家机关是指管理国家事务和行使国家权力的机关。西方国家一般根据立法、行政、司法三权将国家机关分为立法机关、行政机关和司法机关三种，而社会主义国家则按国家权力的统一原则将国家机关分为权力、行政和司法等机关。如果以行使职权的地域范围为标准，则可分为中央国家机关和地方国家机关两种。它们是政治体制的一部分，在政治体制的运行中发挥着各自不同的重要作用。《中华人民共和国宪法》规定：一切国家机关和国家工作人员必须依靠人民的支持，经常保持同人民的密切联系，倾听人民的意见和建议，接受人民的监督，努力为人民服务。

一、国家机关的职能特点

国家机关是国家为实现其职能而建立起来的一整套有机联系的国家机构的总和。国家机构具有一些特点：①阶级性，国家是阶级矛盾不可调和的产物，作为国家组成存在形式的国家机构，其本质取决于国家的本质；②历史性，国家机构不是从来就有的，也不是永远存在的。在不同历史时期的国家，国家机构的组织、活动、职能是不一样的，并随着国家的发展变迁而变化；③强制性，国家机构的某些组成部分本身即是暴力机关，如警察、监狱，有的国家机关则以国家强制力作为坚强后盾;④组织性,国家机关的建立、国家活动以及国家机关之间的相互关系均依据一定的原则和程序,不同层次的国家机关、同一层次的不同的国家机关、国家机关的整体与组成部分形成严密的系统。

二、国家机关的主要制服

(一) 执法类

执法,即法的执行,专指国家行政机关及其公职人员依法行使管理职权、履行职责、实施法律的行为。公正执法既要求执法人员在执法过程中遵循平等和正当的原则,也要求执法人员做出的各种决定体现公平和正义的精神。男女工作人员穿着制服后要有威严感,因为执法者失去了威严,就意味着法律失去了威严。这类制服为合体型,面料挺括,能很好地体现穿着者挺拔的英姿,色彩要稳重干净,不能艳丽轻浮。细节上可以运用肩章、领花、帽徽、臂章的装饰来体现制服的职业感和标识性,具有鲜明标志性的制服也能带给公众和谐的美感,既能增加其权威感,又能体现亲和力。(图 8-33)

图 8-33 纽约警察夏季制服

(二) 监督类

监督即对现场或某一特定环节、过程进行监视、督促和管理,使其结果能达到预定的目标。随着社会的发展和进步,法制不断完善,各个政府管理部门分工会更明确细致,监督类工作人员的着装无论是形象上,还是举止言行上都要求严格规范。男女制服款式为西服套装/裙和衬衫,要体现严肃、严谨的风格,服装制作工艺精良、面料挺括,色彩以藏蓝、深灰色系为主,表现为简约流畅、合体大方。

第八节　特殊活动的制服

对于一个城市、一个国家来说，经常会有国家庆典仪式、国宴、国家领导人接见活动、国家元首任职、授勋、重大体育竞赛、各大盛会等等重要的活动。这些活动代表着这个城市和国家的形象，是一种政府行为，特别受到政府的重视。这类制服代表的是一个国家或城市的形象，一般比较强调设计意识和艺术情趣，对设计品位的要求非常高。

一、特殊活动的特点

这些重要活动可以说是国家和城市涉外的一种接待工作，是国家对外交往活动的重要组成部分，是为本国的对外政策服务的重要手段，对于促进国家对外关系的发展，促进对外经济文化交流与合作起着重要的作用，也是展示一个国家实力和现代化进程的平台。比如2008年北京奥运会，它是中华文明与奥林匹克的一次伟大握手，是中国文化与世界文化的一次宏伟交汇。以“和谐”为核心，奥运会的口号是“同一个世界，同一个梦想”(One World, One Dream)，体现中华民族精神，结合国际时尚文化，传播大东方文化；再比如2010年在中国上海市举行的，也是历来首次由中国举办的世界博览会。博览会的主题是“城市，让生活更美好”(Better City, Better Life)。主办机构预计吸引世界各地7 000万人次参观者前往，总投资达300亿人民币，是世界博览会史上最大规模。

二、特殊活动的类型

(一) 政治类

政治类的重要活动是为推动各成员国之间的合作，维护地区和世界的和平、安全与稳定等社会问题而举办的。此类活动是国家高层领导的会晤，规模范围不大，比如2009年11月，美国总统奥巴马对中国进行为期4天的国事访问。此次访问的重中之重是与中国领导人的政治会晤，会晤议题将涉及全球经济、自由贸易、地区安全、气候变化、清洁能源、防扩散、核安全等方面。

(二) 经济类

经济类的重要活动是为保持国家和城市经济的增长和发展，促进经济的相互依存，加强开放的多边贸易体制，减少区域贸易和投资壁垒，维护本地区人民的共同经济利益而举办的。比如2009年11月13日亚太经济合作组织(APEC)工商领袖峰会(CEO Summit)在新加坡新达城国际会展中心揭幕。逾八百名世界顶尖的商业领袖出席此次会议，与来自亚太地区最主要经济体的领导人及世界主要经济机构的负责人相聚，共同为全球及区域经济发展把脉。

(三) 文体类

文体类的重要活动是为了发展国家和城市的文艺和体育而举办的，是社会文化的一部分。在这部分社会文化的积累、更新和创造过程中，凝聚着人类智慧和体能的历史记载，促进了社会精神文明的发展。比如世界每四年举办一次的奥林匹克运动会(简称奥运会)，它是由国际奥林匹克委员会主办的包含多种体育运动项目的国际性运动会，其体现的奥林匹克精神就是相互了解、友谊、团结和公平竞争的精神，通常它包括参与原则、竞争原则、公正原则、友谊原则和奋斗原则。萨马兰奇主席曾说过奥林匹克运动就是文化加体育。

（四）综合类

综合类的重要活动是为了国家与城市能够进行多方面的交流而举办的，比如世界博览会（World Exhibition or Exposition，简称 World Expo）又称国际博览会及世界博览会，简称世博会、世博，是一项由主办国政府组织或政府委托有关部门举办的有较大影响和悠久历史的国际性博览活动。参展者向世界各国展示当代的文化、科技和产业上正面影响各种生活范畴的成果。它鼓励人类发挥创造性和主动参与性，它更鼓励人类把科学性和情感结合起来，将种种有助于人类发展的新概念、新观念、新技术展现在世人面前。因此，世博会被誉为世界经济、科技、文化的“奥林匹克”盛会。

三、特殊活动的制服

（一）礼仪类

礼仪类制服应配合活动整体规划的内容进行设计，其服装形式（款式、色彩、面料、工艺）完全可以并且应该是多样性的，这样才会形成一个国家和城市所独有的制服风格。礼仪类制服在重要活动中向外界传递着无声的语言，强调着健康、向上、大方、亲切、典雅等不同的主题。（图 8-34）这些设计构思方法可以从民族艺术的各个种类、各个方面中发现，如我国传统的彩陶、青铜器、瓷器、建筑、书画艺术等，使其既符合现代人的审美情趣和欣赏水平，又独具中华传统服饰文化之魅力。礼仪类制服在重要活动中展现了一个国家的审美水平和文化底蕴，比如奥运会从开场到结束，表面是一场运动与国家实力的竞技，暗地里更是一场各国制服的大型秀。奥运会开幕式精彩，而运动员身穿自己国家的制服出场也是一大看点①。主办方的礼仪制服更是现场一道亮丽的风景线。

图 8-34　马来西亚皇宫侍卫队士兵的礼仪制服

（二）运动类

运动类制服要符合重要活动的气氛和一些功能性的要求。款式、色彩和面料应根据具体活动和项目的要求进行设计，如 F1 赛车车手的赛车服不仅款式美观帅气，而且还起到了防止车手烧伤作用。赛车服是用防火的诺梅克斯材料缝制的，可保证车手在 700℃的火焰中有 12 秒的保护时间。所有赛车服的缝线，甚至广告条，都必须符合“12 秒的保护时间”的标准（图 8-35）。在北京奥运会上，中国跳水、体操以及乒乓球制服的设计则融合了未来概念和中国元素，四支中国金牌“梦之队”的比赛服以传统的中国红为主色，辅助金色、鹦鹉蓝等颜色；在图案上，乒乓球队队员的服装融入了“金龙”的形象，突显了王者的霸气；跳水队赛服运用了青花瓷的纹路；体操服

---

① 信息时报，2008 年 8 月 27 日 D3 版《别人看奥运，我来看时装》

以“舞台”为设计理念，采用牡丹、如意云纹、凤凰等具有东方神韵的繁复造型，与射击队同心圆的简约风格形成鲜明对比。

图8-35 F1赛车手比赛时要穿着专业赛车服，并带好头盔来保护自己的身体

本章小结

本章节针对现代社会中制服需求量较多的行业进行研究分析，从行业特点、部门特点、职能细分到工种类别都做了较为详细的阐述。每个行业的制服都应有各自的特点，以体现行业的标识性，制服的设计也应适应每个行业的具体工作种类。行业中这些共性的情况将对个性化的制服设计方案起到指导性的作用，设计师在设计前应了解和掌握行业的制服特征，在这个前提下进一步满足市场多样性的要求，打造更具专业化的生产加工、专一特色服务的制服设计与生产企业。

思考与练习

1. 为某五星级酒店设计系列制服，要求有详细的设计方案过程。
2. 不同类型学校的学生制服设计有哪些异同点？
3. 为中国航空公司的空乘人员设计两个系列的制服及配饰，要求设计理念完整、系列感强。

第九章 制服设计案例

学习理论知识的目的是为了服务实践。设计师的设计水平还是要在具体的制服项目中验证的。本书前面几章所探讨的问题都会出现在实际的设计过程中,设计师应学会运用理论解决遇到的问题。本章列举了一些制服设计的实战案例,希望给读者带来一个直观的参考和认识。

一、锦江南京饭店制服设计

本书第八章中已经对酒店制服进行了相应的介绍，酒店制服需要设计的款式不但繁多，而且要求整体系列感强，对设计师的水平是一个深刻考验。

南京饭店现属锦江国际集团，位于“六朝古都”的南京市中心，是一家拥有六十多年历史的旅游涉外饭店，由著名建筑学家杨廷宝先生设计，时称“国际联欢社”，后由郭沫若先生题名为“南京饭店”。饭店虽地处闹市，但环境优雅、花木扶疏、芳草如茵，素有“庭园饭店”之美誉，饭店在2008年重新装修室内环境，将一些时尚元素融入到传统风格之中，并对外招标制服设计方案。

笔者结合书中介绍的具体设计方法，亲自对该酒店环境、文化、员工、管理者进行了实地考察，将酒店传统的文化底蕴与时尚的细节融合在这一系列的制服中，设计稿得到了南京饭店领导的认可，现已制作成衣在酒店使用，员工和客人的反映都非常好。(图9-1～17)

图9-1 门童(夏装/春秋装/冬装)

图9-2 前台服务(男/女)

图9-3 客房清扫(冬/夏)

图9-4 客房对客(男/女)

图 9-5　PA 夏装(男/女)

图 9-6　PA 春秋装(男/女)

图 9-7　西餐厅服务员（男/女）

图 9-8　中餐厅服务员

图 9-9　中餐厅服务员

图 9-10　餐厅主管(男/女)迎宾

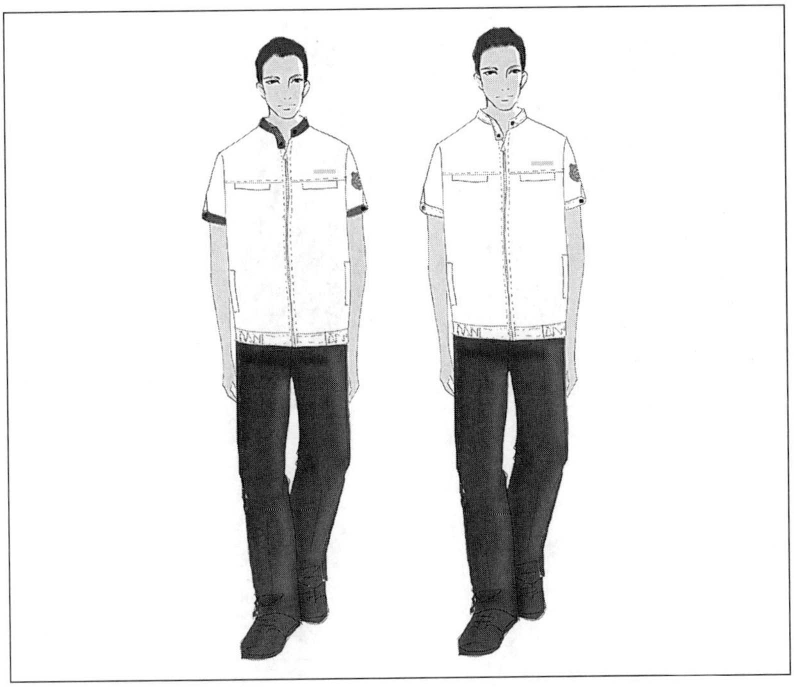

图 9-11　保安/保安领班(夏)

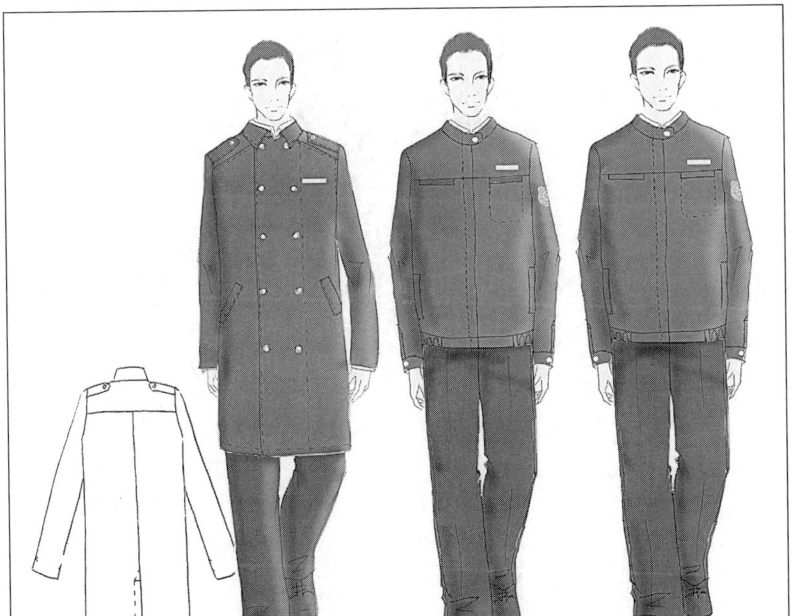

图 9-12　保安领班/保安(春秋/冬装)

图 9-13　收银员/办公室文员

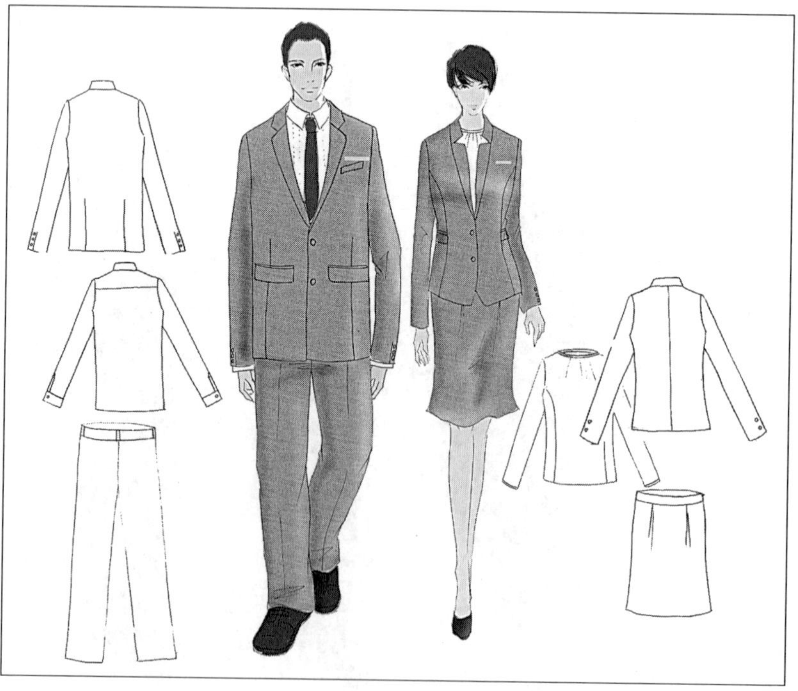

图 9-14　销售人员(男/女)

图 9-15　总经理(男/女)

图 9-16　厨师服

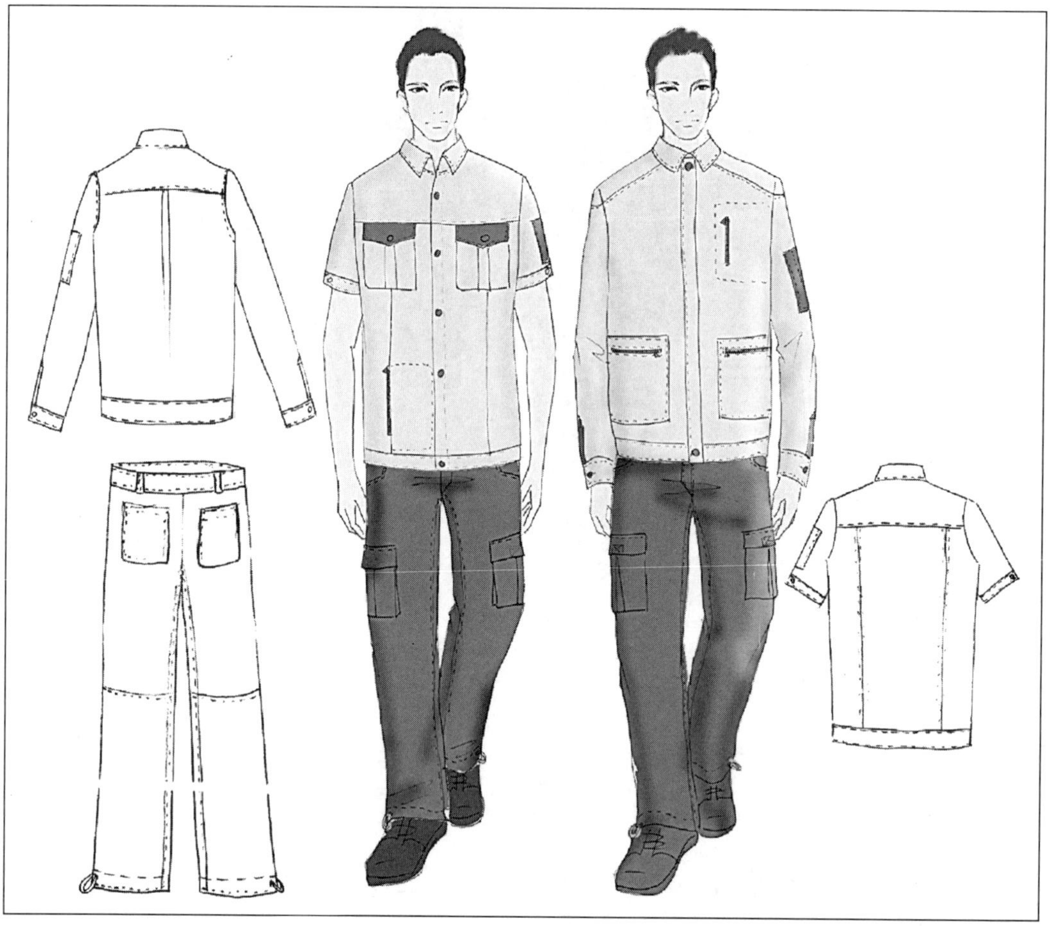

图 9-17 工程部(冬/夏)

二、民航上海中专学生制服设计

学生制服设计针对的年龄层不同于其他行业的制服设计,要考虑学生的年龄、学校的教育类型等因素。民航上海中专成立于 1985 年,隶属国家民航局,受民航华东地区管理局行政领导。面向中外各大航空公司空中乘务员和安全员、航空公司及机场地面对客服务等岗位,培养高标准、高素质、高要求的服务类中等专业人才。

2007 年,学校在上海公开招标学生制服设计方案,要求展现具有时代感的民航职业学校的内涵,能体现学生整体精神风貌,有利于规范学生的体态行为,起到对学生进行职业素质的培养和熏陶。具体设计要求如下:①服装分为两大系列三个季节,一为制服系列,以西装为基本款式加以变化,体现大方得体,有航空专业特色,二为运动装系列。分夏装、春秋装、冬装。体现学生的青春与朝气,适合学生日常穿着;②颜色以蓝色系为主;③面料应考虑耐脏、耐洗和透气性。针对这些要求,笔者结合学校的特色和要求完成了以下的设计,得到了学校领导和学生代表的认可和好评,最终中标。(图 9-18 ~ 25)

图9-18 女夏装

图9-19 女春秋装

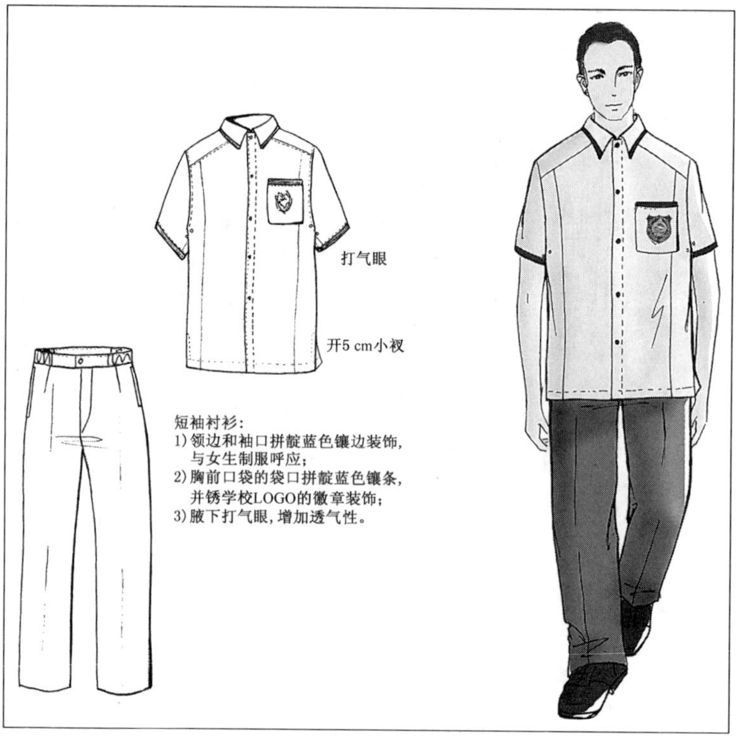

图9-20 男夏装

图9-21 男秋冬装

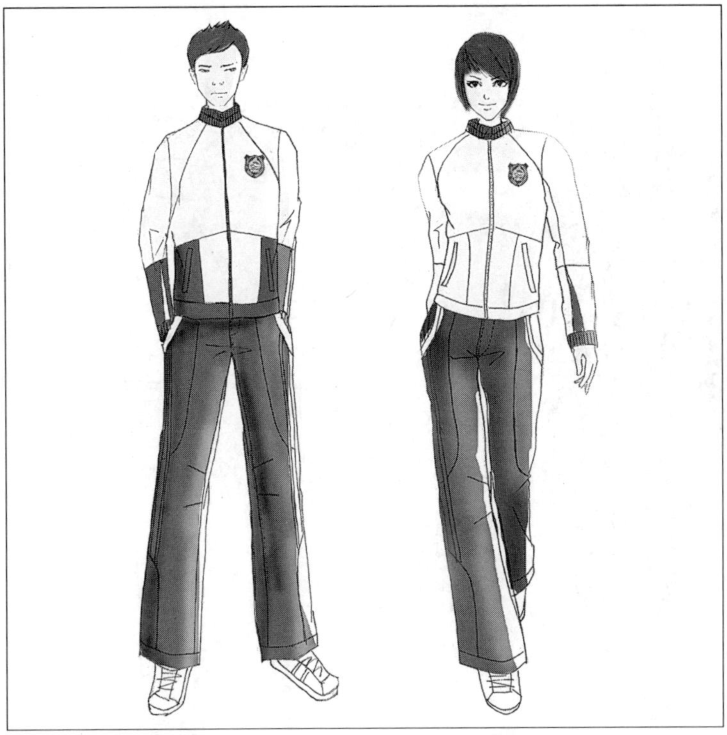

图 9-22 春秋运动套装

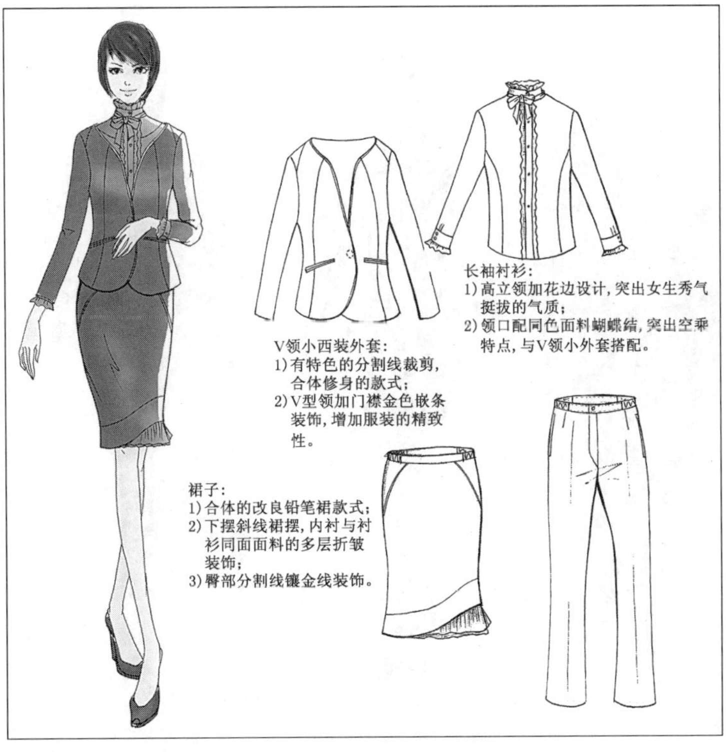

图 9-23 高职女套装

图9-24 高职男套装

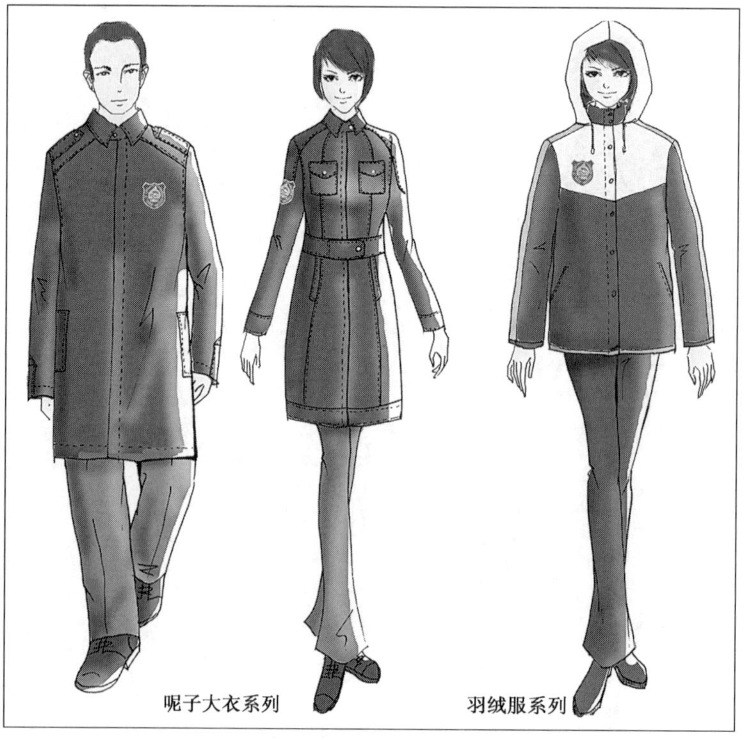

图9-25 冬装

三、上海浦东公交制服设计

2009 年 9 月，上海浦东公交公司为了提高浦东公交行业的服务质量，结合浦东公交新一轮改革举措，展示浦东公交从业人员的风采，使之与上海国际大都市的形象相匹配，以全新的形象迎接世博会的到来，决定对浦东公交从业人员的服装进行更换。在全国范围内进行了公交车司机和售票员制服的设计邀标。

本设计系列为上海浦东公交制服设计的竞标方案，笔者完成了制服设计，并参与了样衣加工和投标书制作的指导工作。在投标期间，笔者充分了解和研究了浦东公交的企业文化，并先后在浦东公交公司进行了管理层和员工访谈、工作环境的色彩分析、员工工作动态分析等各项准备工作，并对日本和韩国等亚洲国家的交通行业制服进行调研和分析，结合最新的国际职业装资讯，最终完成本案。该方案在众多参赛作品中脱颖而出，在招标中中标，获得了客户和专家的认可。这一系列制服已在上海世博会开幕之前批量生产投入使用，成为上海一道流动的亮丽风景线。（图 9-26 ~ 37）

图 9-26　标书首页是浦东的三大地标建筑和世博浦东公交公司的新形象，本设计方案就由此入手

关于本次项目......

上海是中国最时尚的城市之一，是世界著名的港口城市。随着中国经济的崛起，已逐步成为全球金融贸易与国际航运中心。浦东的发展，不仅展示了上海的光彩，更展现了中国30年改革开放的辉煌。随着2010年世博会的日益临近，这座素有"东方明珠"之称的国际都市将聚焦更多的关注，"城市让生活更美好"的主题将以全新的方式，让世界更多的人们通过上海了解中国。

浦东公交地处世博展区的核心地带，是代表城市公共交通系统发展水平的重要标志机构之一，她不仅体现了城市现代化交通的发达程度，更将以全新的服务方式展现上海以至中国文明进步的水平。

在这样的背景下，我们有幸参与为浦东公交策划、设计职业服的项目，感到非常的荣幸与激动。

我们认真了解了浦东公交的企业理念与文化，结合我们对职业装的研究理论以及多年从事职业服装设计、生产与服务的经验，通过大量的对国内外同类行业（包括航空业）职业服装的考察与借鉴，最终得出以下创作原则，作为我们此次设计与制作浦东公交职业服的宗旨。

一、 追求国际流行，展现中国发展；
二、 立足国际城市，体现上海文明；
三、 围绕行业特点，塑造企业形象；
四、 延展企业文化，展示企业风采；
五、 遵循行业规范，注重机能需求；
六、 考虑环境色系，整合视觉元素；
七、 质量精益求精，细节折射品格；
八、 重信誉求互利，提供一流服务。

ABOUT THE CASE.....

As one of the most fashion cities in China, Shanghai has been growing as the international finance trade and shipping center. Pudong's development not only represents Shanghai's enchanting charm, but also displays the splendor of China's 30-year reform. With the 2010 EXPO coming up, Shanghai, namely as "Oriental Pearl", will be attracting more and more international attentions. The theme "Better City, Better Life" will be interpreted by brand-new manners and give the whole world a better way to know China.
Pudong Public Transit is located in the core area of Expo exhibit. It represents the city public transit system developing and modernization standard by up-dated services.
Our creative concept is based on plenty of investigations and researches, experience of business suit's design and production and reference of international business (including aviation).

图9-27 标书前言的文案是展示一个完整设计方案的完美开场，它可以向客户传达该制服设计的创作思路、原则和宗旨，通过这些可以自然地把客户引导到设计中

图 9-28 同行业优秀制服的调研对后期的制服设计有很大的参考价值和指导意义

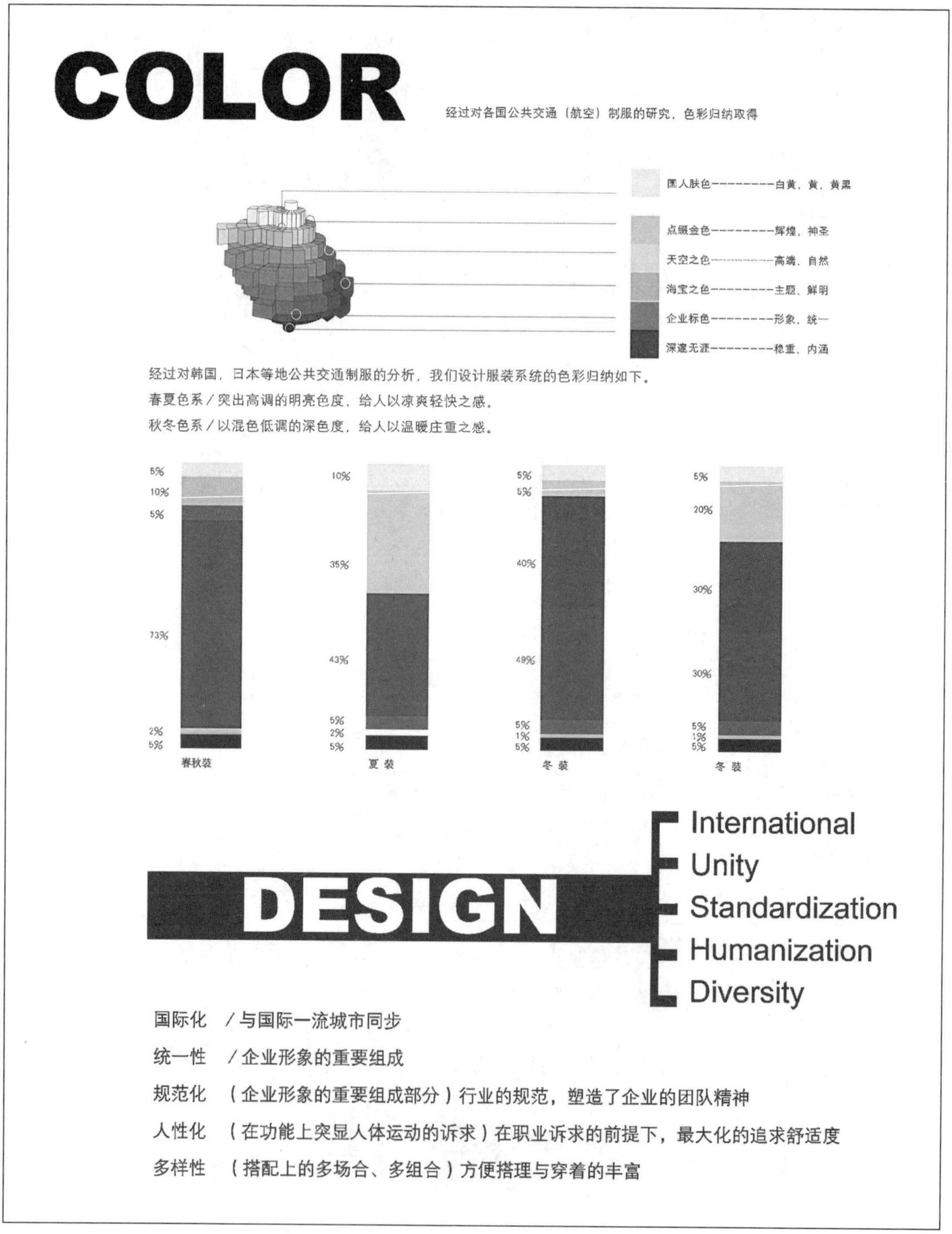

图 9-29　色彩方案的文字描述也同样有着深刻的含义

具体的制服设计方案，包括春秋装、夏装、冬装、佩饰的设计与搭配。（图 9-30 ~ 37）

图 9-30 制服设计方案一

图 9-31　制服设计方案二

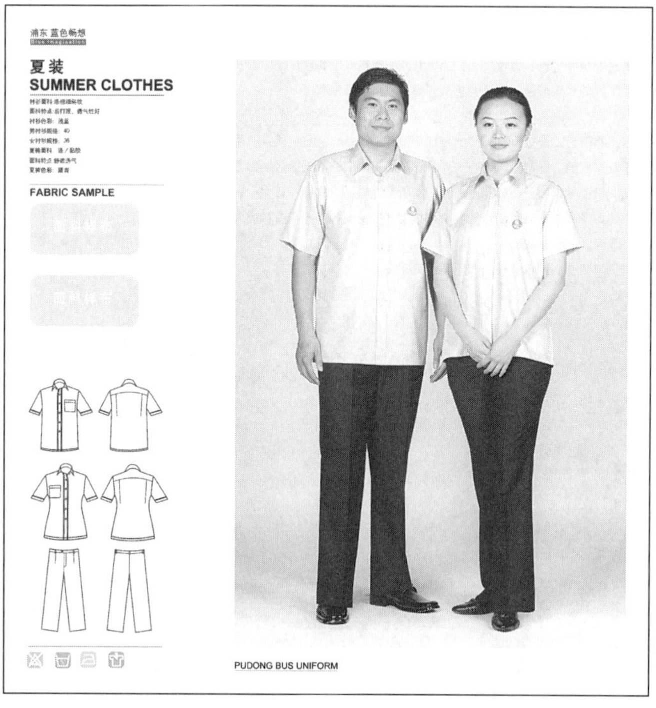

图 9-32　制服设计方案三

图 9-33　制服设计方案四

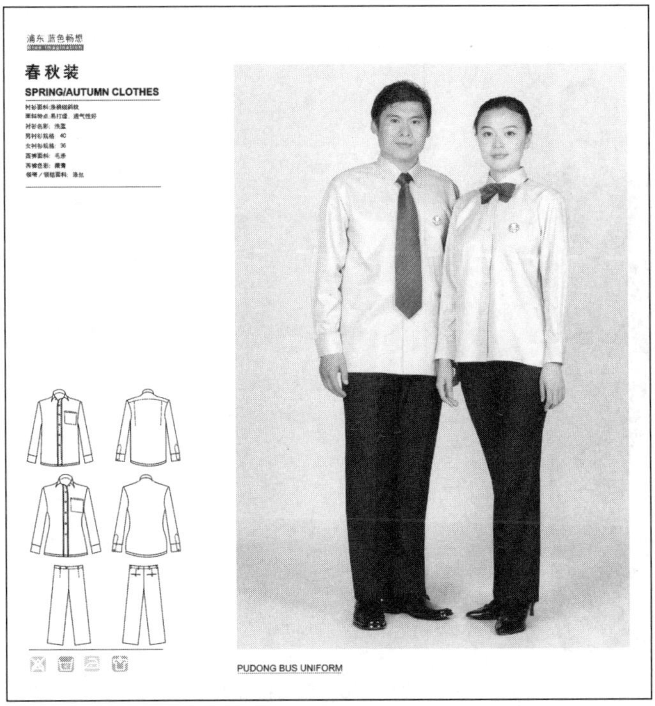

图 9-34　制服设计方案五

图 9-35 制服设计方案六

图 9-36 制服设计方案七

图 9-37 制服设计方案八

四、交通银行制服设计

1987 年 4 月 1 日，重新组建后的交通银行正式对外营业，成为中国第一家全国性的国有股份制商业银行，现为中国五大国有大型商业银行之一。交通银行改革发展的实践，为中国股份制商业银行的发展开辟了道路，对金融改革起到了催化、推动和示范作用。2007 年，为进一步提升员工形象，给顾客和社会带来更强的认同感和信任感，交通银行邀请国内知名企业参与制服设计的投标，笔者有幸被某企业邀请完成了以下的一组设计方案。（图 9-38 ~ 45）

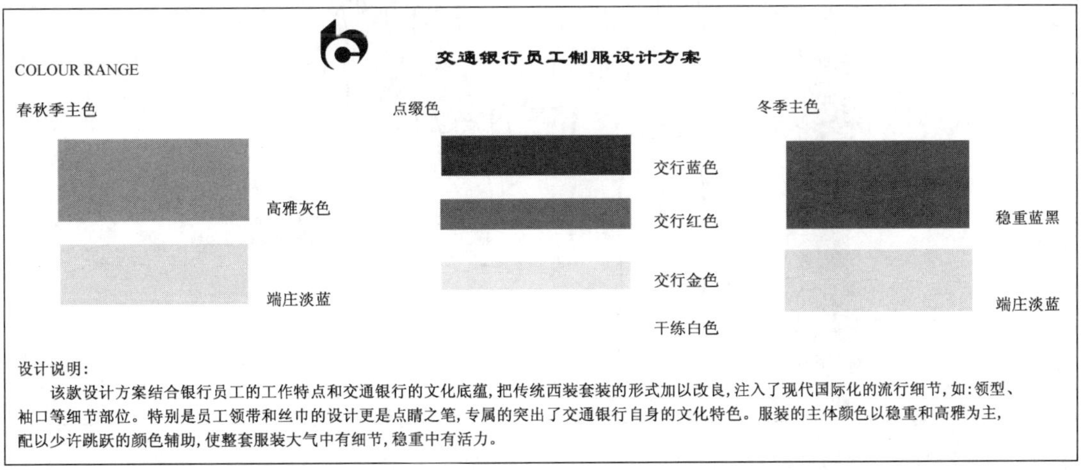

图 9-38 根据交通银行的企业文化和银行业的特定属性，分析出该系列制服的适合色彩。

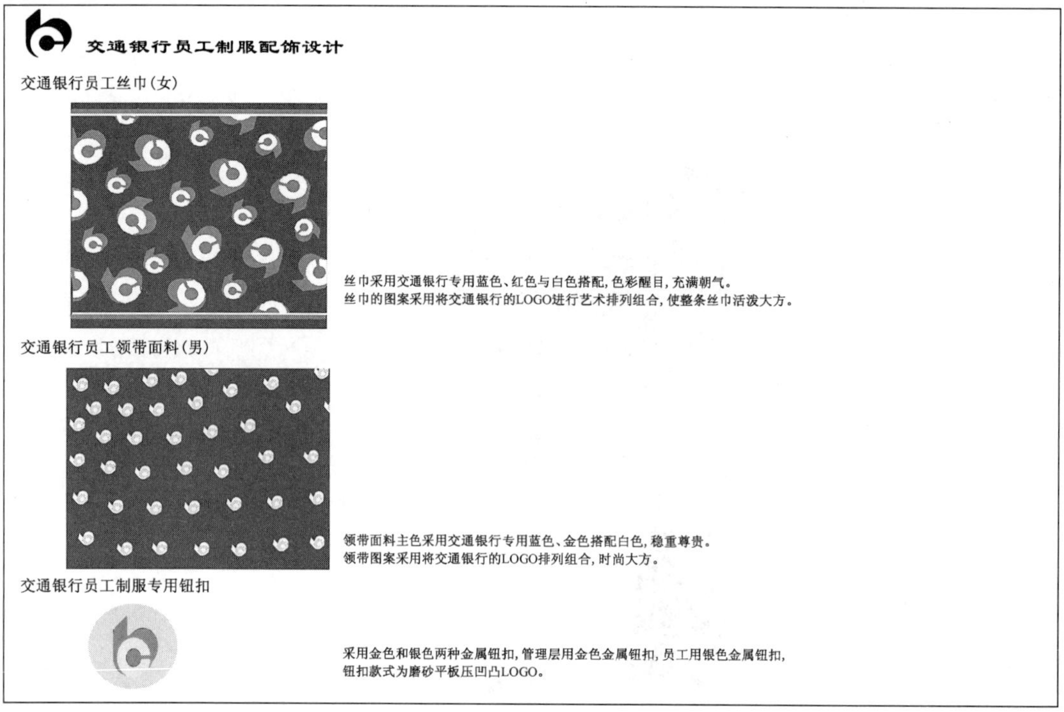

图 9-39 将交通银行的 LOGO 应用在丝巾、领带和钮扣的配饰设计中,使制服设计与企业联系的更加紧密

图 9-40 交通银行员工冬季制服(女)

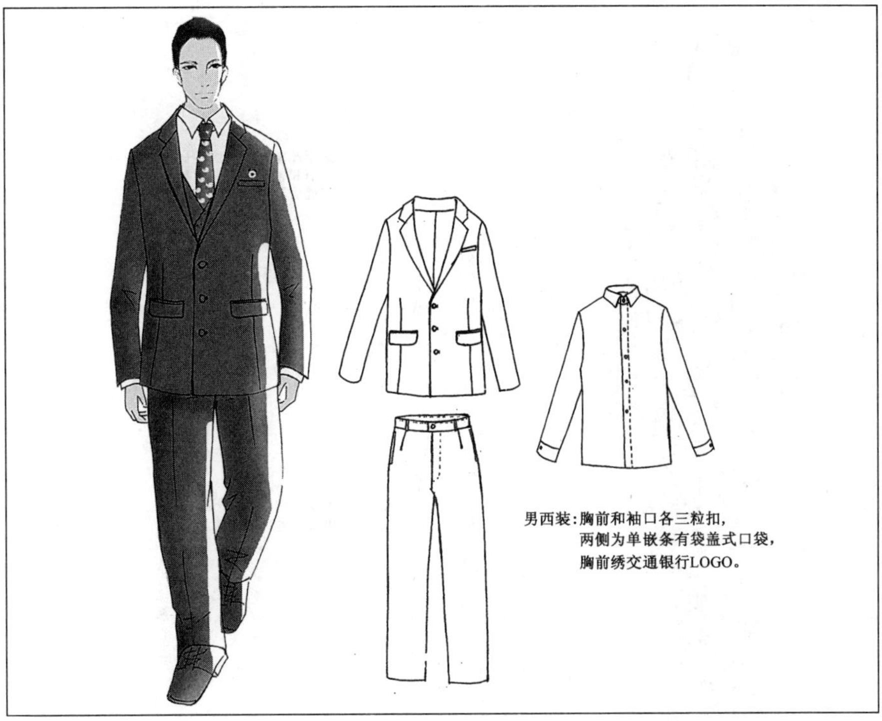

图 9-41 交通银行员工冬季制服(男)

图 9-42 交通银行非临柜员工制服(女)

图9-43　交通银行非临柜员工制服（男）

图9-44　交通银行高级主管管理人员制服（男）

图9-45 交通银行管理层制服(女)

五、上海外航服务公司制服设计

上海外航服务公司(英文缩写FASCO)是1984年5月14日经中国民航总局批准的一家专门从事航空服务的涉外企业，隶属于中国民航华东地区管理局。为了提升公司形象，对外有一个统一的良好服务形象，2008年，公司对外招标制服设计方案。通过对上海外航服务公司的深入调研和了解，该公司员工年龄层较轻，是一个充满活力的团队，对制服的时尚度也有一定的要求。笔者基于此完成了夏、春秋两季各两个系列的制服方案(一个系列偏休闲、一个系列偏稳重)，获得了公司领导和员工的认可和喜爱。(图9-46～53)

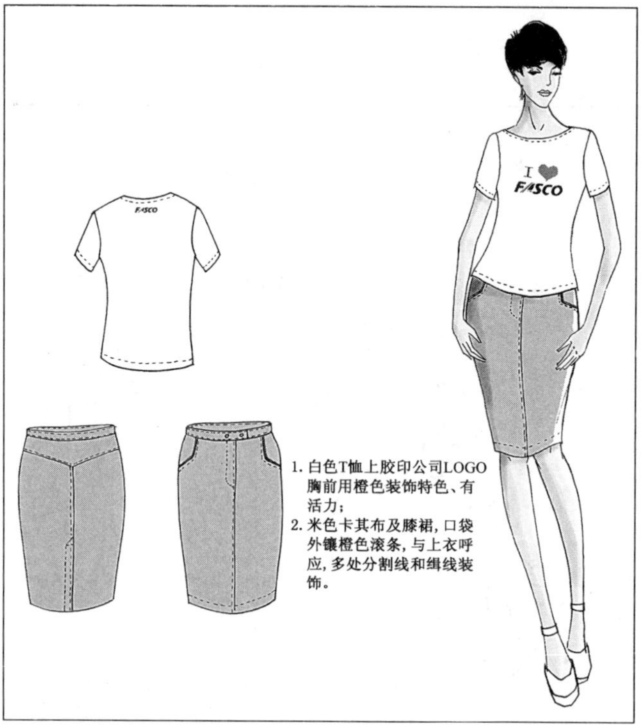

图 9-46　夏季制服（女）

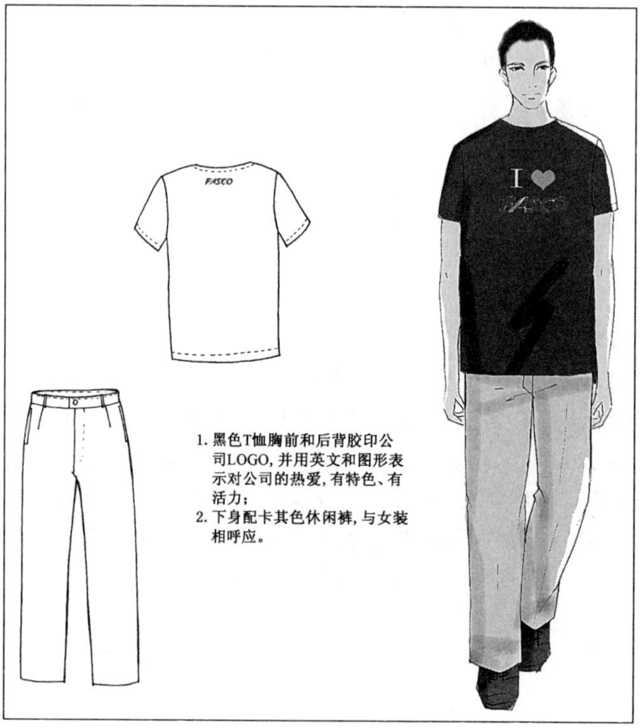

图 9-47　夏季制服（男）

图 9-48　夏季制服（女）

图 9-49　夏季制服（男）

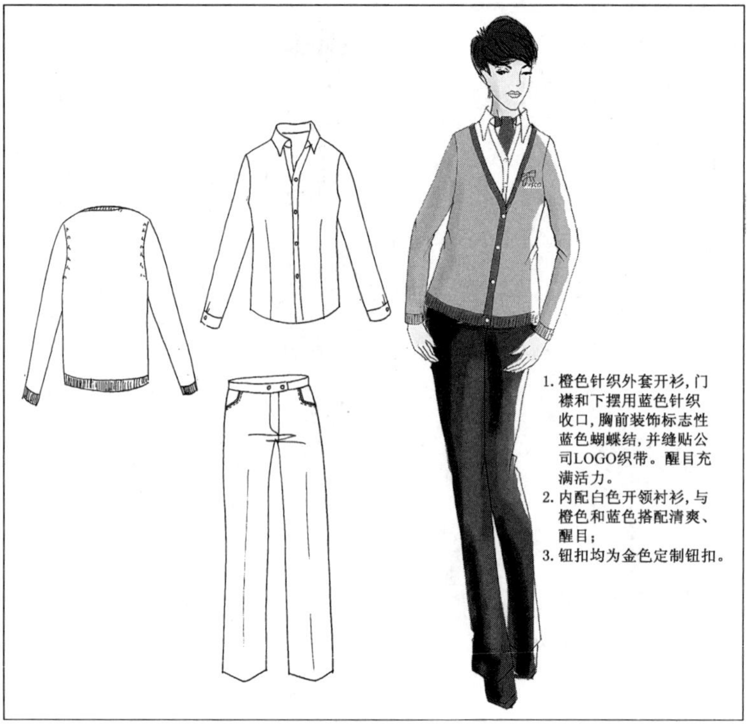

图 9-50　春秋季制服(女)

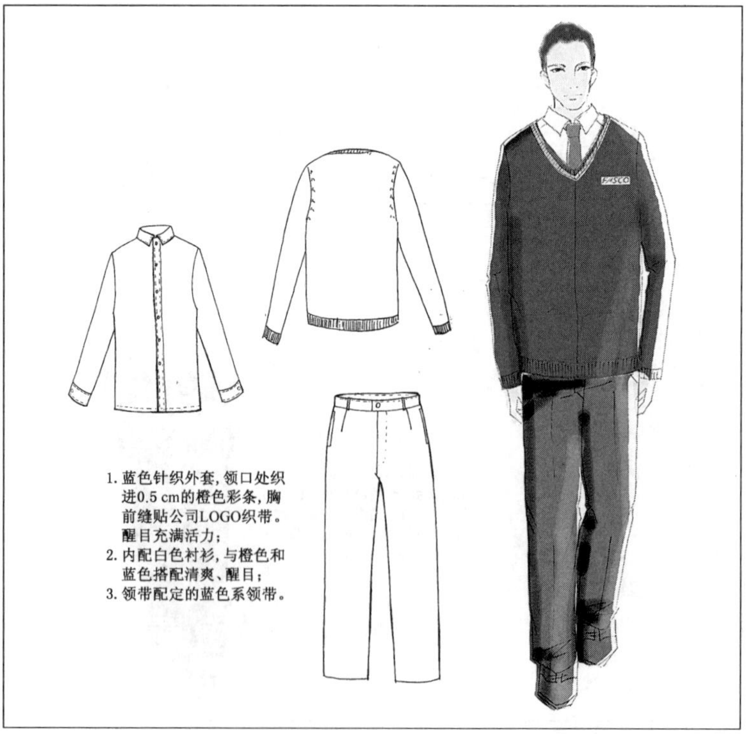

图 9-51　春秋季制服(男)

图9-52　春秋季制服(女)

图9-53　春秋季制服(男)

六、F1[①] 上海站赛车宝贝制服设计

F1 赛车是世界上最昂贵、速度最快、科技含量最高的运动，也是一项非常具魅力和吸引人观看的赛事，与奥运会、世界杯足球赛并称为“世界三大体育”。2003 年 10 月，F1 大奖赛首次登陆中国，将在上海国际赛车场举办 F1 上海站赛事，并由中国石油化工股份有限公司取得了唯一冠名权。

在这个举世瞩目的赛场上，有两类人将成为焦点：一类是像舒马赫这样赫赫有名的赛车手；另一类是站在赛车手身边的那些高挑、性感的赛车宝贝。笔者有幸被邀请完成 2007、2008 年两届 F1 赛车宝贝的制服设计，设计过程中笔者首先对 F1 本身和其他国家的宝贝制服进行了调研和理解，并与主办方进行沟通，尝试打造有中国上海特色的赛车宝贝形象，设计中注重活泼、简洁、略带性感，色彩上选用红、白两色。穿着制服的赛车宝贝让赛场的车手更显震撼，为赛道增添了一道亮丽的风景线。（图 9-54、55）

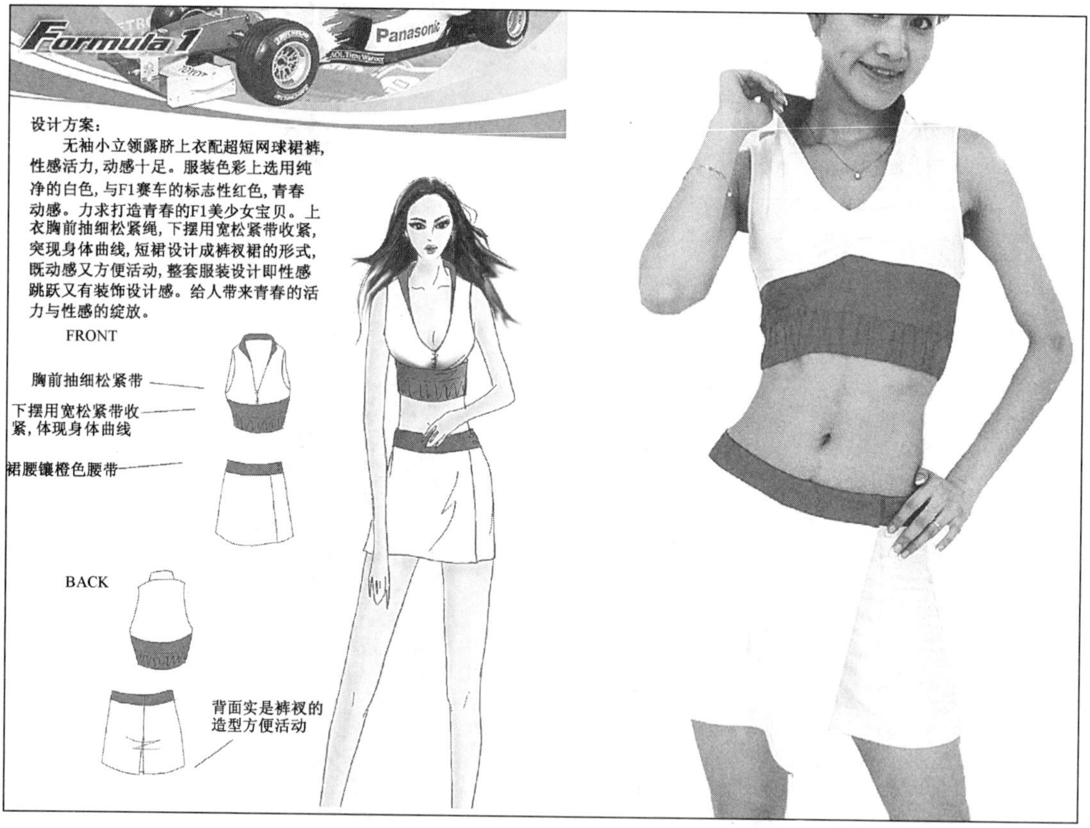

图 9-54　2007 年 F1 上海站赛车宝贝制服

① F1，中文称为“一级方程式锦标赛”是英文“Formula Grand Prix”的简称，目前这项比赛的正式全名为“FIA Formula One World Championship”

图 9-55 2008 年 F1 上海站赛车宝贝制服

本章小结

对一些典型案例进行分析、理解是促进学习和掌握方法的有效途径,由于版面限制,本章仅列举了六类行业中一部分制服的设计案例,虽然涉及的广度不够全面,但制服设计的基本思路大体是一致的,希望给读者带来启发和帮助。

附　　录

附录一

上海×××有限公司
2010年识别服采购项目

招标文件

编号:×××××××

招标人:上海×××有限公司
招标服务方:上海×××采购有限公司

××年××月

邀　请　函

×××制服有限公司：

为了提高行业的服务质量，结合企业新一轮改革举措，展示从业人员的风采，使之与上海国际大都市的形象相匹配，本着服装统一的原则，决定对企业从业人员的服装进行更换。上海×××采购有限公司受上海×××有限公司的委托，组织进行本次识别服采购项目，现诚邀贵单位参加投标。

如贵单位愿意参加，请与×××采购有限公司相关工作人员联系，并按照招标文件的规定制作投标文件。

招标会将于近期进行（时间、地点详见招标文件），届时请各参加投标企业携带投标相关文件准时到会。我们将本着“公开、公平、公正”和择优原则选择具有法定资质，技术力量强，产品质量好，售后服务措施得力，价格优惠合理，重合同、守信用、有实力的单位为中标单位。

联系方式：上海×××采购有限公司

联系人：××××

联系电话：(021)12345678

传真：(021)87654321

Email：123@123.com

招标人：上海×××有限公司

招标服务方：上海×××采购有限公司

投 标 须 知

项号	主　　题	说　　明
1	招标人	上海×××有限公司
2	招标服务方	上海××××采购有限公司
3	招标形式	邀请招标
4	采购内容	识别服(详见招标文件)
5	开标会时间、地点	时间:××年××月××日××时 地点:上海××××有限公司会议室 (上海市××路××号)
6	招标文件发布	发布时间:××年××月××日
7	合格的投标人	a. 投标人具有独立法人代表资格及服装设计、制作资质,注册资金在50万元以上(含50万元); b. 具有一定的批量生产能力,具备本次招标项目的制作能力。有良好的质量承诺及技术服务措施; c. 不得转包、分包; d. 对所投项目要分别按男装、女装制定设计方案,并附彩色效果图、面料样本,提供样衣各一件; e. 提供ppt演示文本(内容包含企业介绍,投标产品的详细表述等)。
8	服装设计要求	a. 外观美观大方,具有浦东公交时代气息,能够展示浦东公交形象; b. 体现职业特点,穿着方便、舒适; c. 面料选用适当,外观挺括,质地牢固,易于洗涤,价格适中; d. 色彩端庄沉稳,适合大多数人穿着,比较耐脏、耐磨。
9	投标文件的组成	资质文件(请使用附件标准格式) a. 投标函; b. 投标单位基本资料表; c. 法定代表人授权委托书(如果投标人代表不是法人代表,必须持有法人代表所出具的法定代表人授权委托书); d. 投标人企业《营业执照》、《税务登记证》、《生产许可证》复印件。 技术文件 a. 投标企业设计研发能力说明表; b. 产品的售后服务体系、质量保证承诺等; c. 投标人提供的竞标产品的面料成分的第三方检测报告。 商务文件(请使用附件标准格式) 《商务报价表》 投标人应在其投标文件中按招标文件要求提供以上(但不限于)文件或资料,提供复印件的须加盖单位公章。
10	交货期、验收标准	按招标人与中标方签订的供货合同的相关条款为准

（续 表）

项号	主 题	说 明
11	结算方式	合同签订后招标人即付合同总费用的30%给中标方； 所有服装交付招标人30天内，招标人再付合同总费用70%给中标方，中标方开具正规发票。
12	投标文件装订要求	投标文件份数：正本2份，副本2份 正本与副本应分别用文件袋密封，并在文件袋封口处加盖投标人公章。
13	投标文件递交	投标文件依照招标文件的规定装订后，于截止时间前递交至指定地点 截止递交投标文件时间：2009年9月11日 递交投标文件地点：上海×××采购有限公司 （上海市××路××号××室）
14	投标费用	投标手续费为人民币×××××元整 投标保证金为人民币×××××元整 上述款项缴纳方式：电汇 上述款项缴纳账号： （12345-12345678901234） 上海×××××采购有限公司 上海×××银行×××支行 投标人需在××年××月××日前将上述费用汇至招标服务方（上海××公司）帐户。 开标会结束后，5个工作日内招标服务方将投标保证金无息、全额返还投标人。 发生下列情况之一，投标保证金将被没收： 1. 在投标有效期内，投标人撤回其投标文件的； 2. 投标人所提投标文件经查内容不实的； 3. 投标人在投标过程中有违反有关法律法规行为的； 4. 中标人无正当理由不按本投标文件相关条款规定与招标人签订合同的。
15	开标和评标流程	**投标文件初审** 审查各项投标文件及投标手续费、保证金是否符合要求。文件审查不合格的投标人将不参加评标开标会。 **资质技术评标** 对于通过文件初审的投标人，评标委员会根据招标文件规定的评标办法和评标标准对投标人资格文件、技术文件进行评标。 评标时可能要求投标人亲自唱标及回答评委提问。评标后根据评分结果确定第一阶段入围的投标人。 **商务标开标** 开标时由评标委员与招标授权委托方共同开启商务标文件，开标后以投标人最终商务标报价加总资质技术标得分，确定中标企业。 第一阶段未入围的投标人，将不进入商务标开标环节。
16	评分标准	本次招标的评分办法，具体采用综合评分法进行，评标标准如下： 1. 企业资质评分：10分 2. 产品质量评分：40分 3. 售后服务评分：10分 4. 价格评分：40分

附录二

投 标 函

致:上海××××采购有限公司:

根据贵方为上海×××有限公司 识别服 采购项目的投标邀请(编号:×××××),签字代表×××总经理(全名,职务)经正式授权并代表投标人上海×××制服设计有限公司上海××路××号×号楼×楼(投标人名称、地址)提交招标文件规定的文件正本二份和副本二份。

据此函,签字代表同意宣布如下:

(1) 投标人将按招标文件的规定履行合同责任和义务。

(2) 投标人已详细审查全部招标文件,包括修改意见以及全部参考资料和有关附件。我们完全理解并同意放弃对这方面有不明及误解的权利,并且理解贵方不一定要接受最低价的投标。

(3) 投标人同意提供按招标人要求的与其投标有关的一切数据或资料,并保证所提交的投标文件中所有关于投标资格的文件、证明和陈述均是真实的、准确的。若与真实情况不符,我单位(公司)同意参与此次投标活动无效,并愿意承担由此而产生的一切后果。

(4) 投标人同意招标文件、中标通知书和我单位(公司)的投标文件将构成合同的构成要件。

与本投标有关的一切正式往来通讯请寄:

地　　址:上海××路××号××号　楼×楼　　　邮编:200000

电　　话:12345678　　　传真:12345678

代 表 名:×××

投 标 人(盖章):上海×××制服设计有限公司

法人代表人或授权委托人(签字或盖章)________ ××

日期:××年××月××日

附录三

投标单位情况表

投标单位全称	上海×××制服设计有限公司		
法定代表人	×××	营业期限	××年××月××日至××年××月××日
营业执照登记号	12345678	注册资本	人民币：××万元
营业执照有效期	××年××月××日至××年××月××日	单位地址	上海××区××路××号××室
税务登记证(国税)编号	沪税字 12345678	证件有效期	
有效期生产许可证编号		生产许可证有效期	
质量管理体系认证书注册号		质量管理体系认证书有效期	有效期至：××年××月××日
上年度企业销售额	人民币×××万元		
单位优势及特点	本公司集优秀时尚设计人才和技术生产的优势，从产品企划到产品设计、生产加工、质量管理、后期服务各环节，形成一套完善的操作体系，博得用户一致好评，从未出现质量与财务纠纷。		
其他需要说明的情况			

投标人(盖章)：上海×××制服设计有限公司

法人代表人或授权委托人(签字或盖章)×× ______________

日期：××年××月××日

附录四

法定代表人授权委托书

本授权委托书声明：我×××(姓名)系上海×××制服设计有限公司(投标人名称)的法定代表人，现授权委托上海××制服设计有限公司(单位名称)的××(姓名)为我公司代理人，以本公司的名义参加上海×××有限公司＿识别服＿采购项目的投标邀请(编号：××××××)的招标活动。代理人在制作投标文件、开标、评标、合同谈判过程中所签署的一切文件和处理相关的一切事务，我均予以承认。

代理人在本法定代理人授权委托书有效范围内签署的所有文件不因授权委托的撤销而失效，除非有撤销授权委托的书面通知，本授权委托书自投标开始至合同履行完毕止。

代理人无转委托权。特此委托。

投标人：(盖章)上海×××制服设计有限公司

法定代表人：(签字)××××

被授权人：(签字)×××××

日期：××年××月××日

附录五

报　价　单

款名	面料成分	单位	面料颜色	单价（人民币元）	单项限价（人民币元）
				×××	×××
				×××	×××
				×××	×××
				×××	×××
				×××	×××
				×××	×××
				×××	×××
合同签订后招标人即付合同总费用的××%给中标方； 所有服装交付招标人××天内，招标人再付合同总费用××%给中标方，中标方开具正规发票。					
1. 所报单价须含税、含运费 2. 投标人所报各项单价不得高于单项的限制单价					

投标人（盖章）：________________

法人代表人或授权委托人（签字或盖章）________________

日期：××年××月××日

附录六

质量保证、售后服务承诺书

1. 确保职业服按照贵公司确认的样衣款式、面料和制作工艺生产。

2. 确保职业服按供货合同条款,按时保质交货。(补货在××天内交货)

3. 定期对××公司的企业回访,对职业服制作质量及需改进的问题等情况进行后续跟踪服务。

4. 对企业员工有特殊规格、特殊要求的,我们进行上门一对一的服务。

5. 通过我们完备、专业、细致的服务达到双赢。

投标人(盖章):________________

法人代表人或授权委托人(签字或盖章)________________

日期:×××年××月××日

附录七

供货合同

甲方：上海××制服设计有限公司

乙方：××企业

合同编号：	
签定地点：上海	
签定时间：	

第 一 条　标的，数量，价款及交(提)货时间

标的名称	品种名称	规格型号	数量(人)	单价(元)	金额(元)	交(提)货时间
2010 年度员工制服	西装套装、长袖衬衫	齐	××	××	××	详见第四条
具体明细详见附件。						
合计人民币金额(大写)：××××　元整（最终以实际数量结算）						

第 二 条　品质标准：以乙方确认的样衣为生产标准进行制作。(面料提供甲醛测试报告)

第 三 条　包装标准，包装物的供应及收回：按工艺标准进行包装。

第 四 条　交(提)货方式，时间、地点：按乙方指定的地点，具体交货时间为(××年×月×日前完成所有量衣工作)××年×月×日

第 五 条　运输方式及到达站(港)和费用负担：由甲方负责运输及承担运输费用。

第 六 条　检验标准，方法，地点及期限：乙方按合同第三条进行验收，并在收到货物后壹周内提出异议。

第 七 条　结算方式，时间及地点：

1. 合同签定后乙方一周内付合同总费用 30% 给甲方。
2. 所有服装交货后，乙方再付合同总费用 60% 给甲方，并开具正规发票。
3. 一年后付清 10% 尾款。

第 八 条　违约责任：甲方与乙方任何一方违约，按合同法负违约责任，并承担此合同费用10%的违约金。

第 九 条　甲乙双方的任何一方由于不可抗力的原因不能履行合同时，应及时向对方通报不能履行或不能完全履行的理由，在取得有关主管机关证明以后，允许延期履行、部分履行或者不履行合同，并根据情况可部分或全部免于承担违约责任。

第 十 条　合同争议的解决方法：本合同在履行过程中发生争议，由双方当事人协商解决；也可以由当地工商行政部门调解。

第十一条　本合同自双方签字盖章生效。

第十二条　其他约定事项：此合同一式贰份，甲方与乙方各壹份，签约后即生效，如有未尽事宜，可另附协议，与本合同有同等法律效果。

甲　方		乙　方	
甲方（盖章）上海××制服设计有限公司		乙方（盖章）	××企业
住所：	邮政编号：	住所：	邮政编号：
法人代表：	委托代理	法人代表：	委托代理
电话：	传真：	电话：	传真：
开户银行：	帐号：	开户银行：	帐号：

附录八

面料销售合同

甲方：　　　　　　　　　　　　　　合同编号：××—××—××
乙方：　　　　　　　　　　　　　　签订地点：

一、产品名称、颜色、规格、金额、数量及交货时间。

品　名	颜色	数量（米）	单价（元）	总价（元）	交　期
品名：×××					××月××日交××米 以后每隔×天交货×万米
成分：					
门幅：					
合计人民币	大写：　（含增值税）　以实际米数结算				

样布确认小样：

布底：	备注：	色号：	色号：	色号：
（粘贴小样）		×××#		

二、采购商品的品质标准

1. 以甲方确认的 OK 品质样为准，由乙方提供面料检测报告。
2. 环保。（偶氮低于 20 mg/kg，甲醛含量不能超标（75 mg），PH 值 4.5～7.0 之间；干磨 3 级湿磨 2～3 级）。经纬向缩水率控制在 3% 内；手感、外观质量以需方确认的封样为准；面料左、中、右色差不低于 4.5 级；皂洗牢度 3 级以上；纬斜不超过 3%。每个颜色数量允许 ±2%。

三、交（提）货地点、方式：送到甲方指定的仓库（只限于江、浙、沪地区）。每匹提供匹条，费用由乙方承担。

四、包装标准:每卷码长不得低于50码,货品须用卷筒塑袋包装。

五、验收标准:以甲方验收合格后出具的合格单为准。

六、对产品提出异议的期限和方法:甲方在收到货物后一个月内可提出异议。如有质量问题,必须在面料开剪前书面通知乙方,与之协商解决。一经开剪,乙方一概不负责,由甲方自负。

七、结算方式及期限:××% 订金,××% 发货前付清,剩余××% 发货起××天内全部结清。

八、违约责任:

1. 乙方未按合同要求交付货物的,应跟甲方协商损失事宜。
2. 乙方交付数量少于合同数量的,甲方仍然需要的,乙方应照数补齐。
3. 违约方应按总货款的××% 作为违约金付给被违约方。

九、解决合同纠纷的方法:协商解决或报甲方所在地法院裁决处理。

十、本合同中手写条款无效。

甲方	单位名称		乙方	单位名称	
	法定代表人			法定代表人	
	委托代表人			委托代表人	
	电话/传真			传真	
	开户行			开户行	
	帐号			帐号	

本合同一式二份,双方各执一份,盖章后生效。签定时间:××年××月××日。

本合同有效期限为××年××月××日到××年××月××日止。

附录九

制服加工定作合同

定作方:〈甲〉　　　　　　　　　　合同编号: ××—×—××

承揽方:〈乙〉　　　　　　　　　　签订地点:

一、品名或项目、规格型号、数量、单价、金额、交货期 签订时间:××年××月××日

定作物品名或项目	型号	单位	数量	价款或酬金(元)			交货期限
				单价	总金额	合　计	
男女长袖衬衫		件					
男女短袖衬衫		件					
合计人民币金额(大写):				(最终以实际交货数量为准)			

二、定作方带料

材料名称	型　号	单　位	数　量	质　量	提供日期	消耗定额	单　价	总金额
涤棉衬衫面料		米						
商标		只						

三、质量要求技术标准:按甲方确认的封样样衣款式、辅料、配件及工艺加工制作;因质量问题影响销售,乙方应赔偿甲方的实际损失。

四、成衣生产前乙方须对面料、辅料进行布次、色差、缩水率和预缩的检查,发现质量问题,在得到甲方书面同意后才能进行生产,否则由乙方承担该面料的经济损失。

五、乙方须对甲方的技术资料保密,否则赔偿由此造成的一切损失。

六、乙方必须在开裁前排料,如发生超计划定额用料,须得到甲方的书面认可才能开裁生产,否则由乙方负责赔偿甲方的经济损失。

七、未经甲方书面授权,乙方不得将本项目转包、分包。

八、包装要求及费用负担:按甲方指定的要求包装,由乙方承担费用。

九、交货方式及地点:按甲方指定的时间及地点。

十、交付定金预付款数额及时间:合同签订一周内预付××%,乙方开具增值税专用发票。

十一、结算方式及期限:货收到无异议后30天内付××%,××%余款三个月内付。每次付款,乙方开具增值税专用发票。

十一、违约责任:双方任何方违约承担违约责任,并支付合同总费用的10%违约金。

十二、如需提供担保,另立合同担保书,作为本合同附件。

十三、解决合同纠纷的方式:双方协商解决,也可以向甲方所在地法院诉讼解决。

定 作 方	承 揽 方
单位名称:	单位名称:
单位地址:	单位地址:
法定代表人:	法定代表人:
委托代理人:	委托代理人:
电　　话:	电　　话:

附录十

××公司制服封样单

编号________　分样号________　设计________　制版________　封样________

尺寸表							
XL							
L							
M							
S							
XS							

<table>
<tr><td rowspan="2">款式图</td><td>面料小样</td></tr>
<tr><td rowspan="2">工艺说明</td></tr>
<tr><td>特殊要求</td></tr>
</table>

用布量	单时间	完成日期

附录十一

××公司制服制作通知单

制单号码________

货品名称：

<table>
<tr><td>制作说明</td><td></td><td colspan="9">尺　码</td><td>备　注</td></tr>
<tr><td rowspan="13">款式图</td><td>规格</td><td></td><td></td><td></td><td></td><td></td><td></td><td></td><td></td><td></td><td></td></tr>
<tr><td>腰围</td><td></td><td></td><td></td><td></td><td></td><td></td><td></td><td></td><td></td><td></td></tr>
<tr><td>臀围</td><td></td><td></td><td></td><td></td><td></td><td></td><td></td><td></td><td></td><td></td></tr>
<tr><td>裤长</td><td></td><td></td><td></td><td></td><td></td><td></td><td></td><td></td><td></td><td></td></tr>
<tr><td>裙长</td><td></td><td></td><td></td><td></td><td></td><td></td><td></td><td></td><td></td><td></td></tr>
<tr><td>衣长</td><td></td><td></td><td></td><td></td><td></td><td></td><td></td><td></td><td></td><td></td></tr>
<tr><td>袖长</td><td></td><td></td><td></td><td></td><td></td><td></td><td></td><td></td><td></td><td></td></tr>
<tr><td>脚口</td><td></td><td></td><td></td><td></td><td></td><td></td><td></td><td></td><td></td><td></td></tr>
<tr><td>后贴袋</td><td></td><td></td><td></td><td></td><td></td><td></td><td></td><td></td><td></td><td></td></tr>
<tr><td>拉链</td><td></td><td></td><td></td><td></td><td></td><td></td><td></td><td></td><td></td><td></td></tr>
<tr><td></td><td></td><td></td><td></td><td></td><td></td><td></td><td></td><td></td><td></td><td></td></tr>
<tr><td>数量</td><td></td><td></td><td></td><td></td><td></td><td></td><td></td><td></td><td></td><td></td></tr>
<tr><td></td><td></td><td></td><td></td><td></td><td></td><td></td><td></td><td></td><td></td><td></td></tr>
</table>

<table>
<tr><td colspan="2">主辅料明细</td><td rowspan="8">包装方法</td><td colspan="2"></td></tr>
<tr><td>大身布</td><td></td><td rowspan="4">1.</td><td rowspan="4">2.</td></tr>
<tr><td>口袋布</td><td></td></tr>
<tr><td>罗纹</td><td></td></tr>
<tr><td>缝线</td><td></td></tr>
<tr><td>纽扣</td><td></td><td colspan="2" rowspan="3">其他说明</td></tr>
<tr><td>拉链</td><td></td></tr>
<tr><td>胶袋</td><td></td></tr>
</table>

附录十二

××公司制服成本核价单

				要货单位		填写时间
	产　品　名　称					
	项　目	单　位	单　价	用　量	金　额	说明
主料						
辅料						
加工						小样
包装小计						
绣花等附加工艺费用						
人工费						
管理费						
税金						
运输费						
成本价						
销售价						

参 考 文 献

[1] 保罗·福塞尔.品味制服.王建华,译.香港:三联书店,2005.
[2] 黄能馥.中国服饰通史.北京:中国纺织出版社,2007.
[3] 曾卫锋.国际产品内贸易的理论与经验研究.北京:经济科学出版社,2008.
[4] 王受之.品牌时装设计.北京:中国青年出版社,2002.
[5] 刘光峰,魏仁坚.网络营销——理论与实践.北京:清华大学出版社,2000
[6] 马蓉.服饰品设计.北京:中国轻工业出版社,2001.
[7] 赵涛.酒店规范化管理全书.北京:电子工业出版社,2007.
[8] 陈海涛.草根创业:休闲娱乐业创业路线图.北京:中国经济出版社,2010.
[9] 深圳市金版文化发展有限公司.酒吧/百姓装修.最佳店堂.海口:南海出版社,2006.
[10] 沈志云,邓学钧.交通运输工程学.2 版.北京:人民交通出版社,2003.
[11] 谢冬梅.服装设计基础.上海;上海人民美术出版社,2007.
[12] 麦克尔(Michael, A).饭店职业形象:着装与礼仪.姜德顺,译.北京:旅游教育出版社,2005.
[13] 邓沁兰. 纺织面料.北京:中国纺织出版社,2008.
[14] 刘晓刚.服装设计 5—专项服装设计.上海:东华大学出版社,2008.
[15] 刘晓刚.时尚制服设计与制作.北京:金盾出版社,2004.
[16] 周启凤,马达礼,尤志立.品牌前线——男装、制服设计.北京:北方交通大学出版社,2006.
[17] 万川.中国警政史.上海:中华书局,2006.
[18] 邹游.职业服装设计.北京:中国纺织出版社,2007.
[19] 胡光华.时尚制服系列——保安文员物业制服.上海:化学工业出版社,2009.
[20] 朱远胜.面料与服装设计.北京:中国纺织出版社,2008.
[21] bill dunn. uniform. London: Laurence King Publishing Ltd, 2009.
[22] 刘元丰.服装设计教程(美术卷)——中国艺术教育大系.北京:中国美术学院出版社,2004.
[23] 王鸣.服装款式设计大系.辽宁:辽宁科学技术出版社,2002.
[24] 法律出版社法规中心.中华人民共和国合同法注释本.北京:法律出版社,2009.
[25] 宁俊.服装生产经营管理.4 版.北京:中国纺织出版社,2010.
[26] 张竞琼.从一元到二元:近代中国服装的传承经脉.北京:中国纺织出版社,2009.
[27] 赵鸿渐.职场礼仪、价值百万.北京:工人出版社,2009.
[28] 谢苏,姚虹华.空乘礼服.北京:国防工业出版社,2010.
[29] 全国服装科技信息中心.穿出职业的华彩:职业服的时尚款式与搭配.上海:东华大学出版社,1998.

[30] 纪亚飞. 时尚丽人礼仪课堂. 北京:工人出版社,2010.
[31] 於敏. 行政管理职位工作手册——弗布克管理咨询系列. 北京:人民邮电出版社,2005.
[32] 梁惠娥,崔荣荣,王文倩. 酒店制服设计与制作. 北京:中国纺织出版社,2004.
[33] 郑辉,潘力. 服装配饰设计. 辽宁:辽宁科学技术出版社,2009.
[34] 邵献伟. 服饰配件设计与应用. 北京:中国纺织出版社,2008.
[35] 文通. 新编现代酒店规范管理实务大全. 北京:中国纺织出版社,2008.
[36] 马杜里(Madura, J.). 金融市场与机构. 上海:高等教育出版社,2005.

参 考 网 站

http://finance. people. com. cn
http://cidian. iask. sina. com. cn
http://bbs. dresschina. com
http://biog. 163. blog. 163. com
http://news. vlongbiz. com
http://bbs. tiexue. net
http://bbs. meyet. com
http://epaper. loone. cn
http://sina. com. cn
http://www. ww2ss. com
http://www. 51efu. cn
http://www. cu - market. com. cn
http://waihang. huanqiu. com
http://news. ctei. gov. cn
http://epaper. tianjinwe. com
http://travel. 163. com
http://www. cndata100. com
http://cul. sohu. com
http://www. gettyimages. cn
http://www. expo2010. cn/
http://bbs. railcn. net/

后　　记

随着经济的发展和社会的进步,各行各业对制服都有了越来越多量和质的要求,制服设计在行业中也倍受关注,其作为一门设计学科更是值得从业人员揣磨和研究。从步入教师岗位至今,我一直致力于制服相关的资料收集和理论研究,成功地完成多家酒店、企业、学校和重要活动的制服设计,从而获得宝贵的实践经验。此外,在写作期间,本人还亲自赴欧洲、日本、新加坡、香港、澳门等制服设计成熟的国家进行实地考察、调研,收集了大量的一手资料。在写作期间,恰逢2010年上海世博会,这也是一次各国制服的盛会,我先后三次去园区参观、拍照,为本书收集了很多优秀、前沿的制服资料。

本书作为专业性教材,从高等学校教学必须满足社会需求的角度出发,对制服设计的相关内容科学系统地进行分类,并逐一进行详解、分析,力求做到理论联系实际,通俗易懂,图文并茂,可操作性强。在每一章的最后还精心设计了一些思考题,以发挥学习者的主观能动性,提高学习者的个人分析与预测能力。

最后,我要特别感谢东华大学服装学院院领导给我提供了多次参与制服设计项目的机会,让我从中积累了丰富的实践经验;感谢刘晓刚教授在本书撰写过程中对我的指导和监督;感谢我的学生戴竞宇、张文佳、王瞳协助进行了前期资料的收集和整理。最后,衷心感谢我的家人和所有帮助我的朋友们!

边　菲